シリーズGIS　　　　　　　　　　　　第5巻

社会基盤・環境
のためのGIS

柴崎亮介・村山祐司……編

朝倉書店

編集者

東京大学空間情報科学研究センター	柴崎 亮介
筑波大学大学院生命環境科学研究科	村山 祐司

執筆者（執筆順）

東京大学空間情報科学研究センター	関本 義秀
国土地理院企画部	村上 広史
東京工業大学大学院情報理工学研究科	大佛 俊泰
東京大学大学院工学系研究科	羽藤 英二
千葉工業大学工学部	寺木 彰浩
電気通信大学大学院情報システム学研究科	山本 佳世子
青山学院大学経済学部	井上 孝
京都府立大学大学院生命環境科学研究科	田中 和博
北海道大学大学院水産科学研究院	齊藤 誠一
千葉大学環境リモートセンシング研究センター	近藤 昭彦
東京情報大学総合情報学部	原 慶太郎

シリーズ GIS 刊行に寄せて

　地理情報システム（geographic information systems）は，地理空間情報を取得，保存，統合，管理，分析，伝達して，空間的意思決定を支援するコンピュータベースの技術である．頭文字をとって，一般に GIS と呼ばれている．

　歴史的にみると，GIS は国土計画，都市・交通政策，統計調査，ユーティリティの維持管理などを目的に研究と開発がスタートした．このため，当初は公共公益企業，民間企業の実務や行政業務を担当する専門技術者，あるいは大学の研究者などにその利用は限られていた．1990年代後半まで，一般の人々にとってGIS は専門的なイメージが強く，実社会になじみのうすいツールであった．

　ところが，21世紀に入り，状況は一変する．パソコンの普及，ソフトの低価格化，データの流通などが相まって，ビジネスマン，自治体職員，教師，学生などは言うに及ばず，一般家庭でも GIS を使い始めるようになった．GIS は行政や企業の日々の活動に不可欠なツールになり，カーナビゲーション，インターネット地図検索・経路探索，携帯電話による地図情報サービスをはじめ，私たちの日常生活にも深く浸透している．昨今，ユビキタス，モバイル，Web 2.0，リアルタイム，双方向，参加型といった言葉が GIS の枕詞として飛び交っており，だれでも難なく GIS を使いこなせる時代に入りつつある．

　2007年5月，第166回通常国会において，「地理空間情報活用推進基本法」が参議院を通過し公布された．この基本法には，衛星測位によって正確な位置情報をだれもが安定的に取得できる環境を構築すること，基盤地図の整備と共有化によって行政運営の効率化や高度化をはかること，新産業・新サービスを創出し地域の活性化をはかること，地域防災力や弱者保護力を高め国民生活の利便性を向上させることなどが基本理念として盛り込まれている．この国会では，統計法や測量法も改正され，今後の GIS 関連施策に対する人々の期待は日増しに高まっている．位置や場所をキーに必要な情報を容易に検索・統合・発信・利用できる

地理空間情報高度活用社会が実現するのも，そう遠い話ではなさそうだ．

地域社会では，GIS を活用した新サービスの台頭が予想され，特に行政やビジネス分野で GIS 技術者の新たな雇用が発生するであろう．これに伴って，実務家教育や技術資格制度を拡充する必要性が各方面から指摘されている．また，日常的に GIS が活用できる人とできない人との間で"GIS デバイド"が生じないように，地域に密着した GIS 教育や啓蒙活動を効果的に実施していくことも欠かせない．

一方，学術世界においては，1990 年代に「地理情報科学」と呼ばれる学問分野が興隆し，学際的なディシプリンとして存在感を増している．大学では，この分野に関心をもつ学生が増え，カリキュラムや関連科目が充実してきている．GIS を駆使して卒業論文を作成する学生も珍しくなくなった．

このような状況下で，GIS の理論・技術と実践，応用を体系的に論じた専門書が求められており，本シリーズはそのニーズにこたえるため編まれたものである．すでに現場に携わっている実務家や研究者，あるいはこれから GIS を志す学生や社会人に向けた"使えるテキスト"を目指し，各巻とも各分野の第一線で活躍されている方々に健筆をふるっていただいた．

本シリーズは全5巻からなる．第1,2巻は基礎編，第3～5巻は応用編である．GIS の発展にとって，基礎（理論と技術）と応用（アプリケーション）は相互補完的な関係にある．基礎の深化がアプリケーションの実用性を向上させ，応用の幅を広げる．一方，アプリケーションからのフィードバックは，新たな理論と技術を生み出す糧となり，基礎研究をいっそう進展させる．基礎と応用は，いわば車の両輪といっても過言ではない．

第1巻は「GIS の理論」について解説する．GIS は単なるツールや手段ではない．本巻では，地理空間情報を処理する汎用的な方法を探求する学問として GIS を位置づけ，その理論的な発展について論じる．ツールからサイエンスへのパラダイムシフトを踏まえつつ，GIS の概念と原理，分析機能，モデル化，実証分析の手法，方法論的枠組みなどを概説する．

第2巻は「GIS の技術」について解説する．測量，リモートセンシング，衛星測位，センサネットワークをはじめ，地理空間データを取得する手法と計測方法，地理空間情報の伝達技術，ユビキタス GIS や空間 IT など GIS に関わる工学的手法，GIS の計画・設計，導入と運用，空間データの相互運用性と地理情

報標準，国土空間データ基盤，GIS の技術を支える学問的背景などについて，実例を交えながら概説する．

　第 3〜5 巻では，各分野における GIS の活用例を具体的に紹介しながら，GIS の役割と意義を論じる．

　第 3 巻「生活・文化のための GIS」では，医療・保健・健康，犯罪・安全・安心，ハザードマップ・災害・防災，ナビゲーション，市民参加型 GIS，コミュニケーション，考古・文化財，歴史・地理，古地図，スポーツ，エンターテインメント，教育などを取り上げる．

　第 4 巻「ビジネス・行政のための GIS」では，物流システム，農業・林業，漁業，施設管理・ライフライン，エリアマーケティング（出店計画，商圏分析など），位置情報サービス（LBS），不動産ビジネス，都市・地域計画，福祉サービス，統計調査，公共政策，費用対効果分析，費用便益分析などを取り上げる．

　第 5 巻「社会基盤・環境のための GIS」では，都市，交通，建築・都市景観，土地利用，人口動態，森林，生態，海洋，水資源，景観，地球環境などを取り上げ，GIS がどのように活用されているかを紹介する．

　本シリーズを通じて，日本における GIS の発展に少しでも役立つならば，編者としてこれにまさる喜びはない．最後になったが，本シリーズを刊行するにあたり，私たちの意図と熱意をくみ取り，適切なアドバイスと煩わしい編集作業をしていただいた朝倉書店編集部に心から感謝申し上げる．

柴崎亮介・村山祐司

Google Earth および Google Maps は米国 Google 社の米国および世界各地における商標または登録商標です．その他，本文中に現れる社名・製品名はそれぞれの会社の商標または登録商標です．本文中には TM マークなどは明記していません．

目　　次

1. **概　　論** ―――――――――――――――――――――― ［関本義秀］ 1
   1.1 略　　史　1
   1.2 公共的な事業の説明責任への活用　3
   1.3 民間における新サービスの活性化　4
   1.4 社会基盤を支える役割分担の変化　6
   1.5 法体制の整備―地理空間情報活用推進基本法の施行―　8
   1.6 その先にあるもの　12

2. **国土空間データ基盤** ――――――――――――――――― ［村上広史］ 14
   2.1 NSDI―その背景と意味―　15
   2.2 NSDI 構築に向けた取組み　16
   2.3 NSDI 構築に向けたわが国の取組みと将来展望　22

3. **都市と GIS** ―――――――――――――――――――――― ［大佛俊泰］ 29
   3.1 土地利用の変化をとらえる　29
   3.2 敷地の変化をとらえる　34
   3.3 建築物の変化をとらえる　39
   3.4 まとめと今後の展開　45

4. **交通と GIS** ―――――――――――――――――――――― ［羽藤英二］ 48
   4.1 交通分野における GIS　48
   4.2 交通分野におけるプローブ調査と GIS の活用法　50
   4.3 交通政策課題との GIS の関連性　59
   4.4 交通分野における GIS の今後の展望　61

5. GISによる市街地情報の管理　　　　　　　　　　　　　　　　　　　［寺木彰浩］　64
　5.1　市街地情報とGIS　64
　5.2　市街地情報の近年の動向　65
　5.3　市街地情報の整備と管理　69
　5.4　研究プロジェクトの紹介　75
　5.5　今後の課題と展望　78

6. 土地利用とGIS　　　　　　　　　　　　　　　　　　　　　　　　　　［山本佳世子］　79
　6.1　本章の視点と目的　79
　6.2　土地利用研究におけるGIS利用の意義　80
　6.3　琵琶湖地域における研究事例　82
　6.4　わが国の三大都市圏における研究事例　86
　6.5　GISを利用した土地利用研究における課題と展望　93
　6.6　結論と今後の研究課題　96

7. 人口とGIS　　　　　　　　　　　　　　　　　　　　　　　　　　　　　　［井上　孝］　99
　7.1　小地域人口統計とGIS　99
　7.2　データの入手と小地域区画の地図化　100
　7.3　町丁・字別の人口と世帯数を用いた分析　102
　7.4　町丁・字別の性・年齢階級別人口を用いた分析　108

8. 森林とGIS　　　　　　　　　　　　　　　　　　　　　　　　　　　　　［田中和博］　116
　8.1　森林管理とGIS　116
　8.2　バイオリージョンGIS　120
　8.3　GISを応用した経済林の適地分析　127
　8.4　森林ゾーニング　130

9. 海洋とGIS　　　　　　　　　　　　　　　　　　　　　　　　　　　　　［齊藤誠一］　135
　9.1　海洋におけるGISの利用　135
　9.2　海洋観測と海洋データの種類　136
　9.3　海洋GISの応用分野　143

9.4　今後の課題　145

10．水循環と GIS ―――――――――――――――――［近藤昭彦］　150
10.1　水循環とは　150
10.2　水循環を明らかにするための観点　152
10.3　GIS を駆動する知識情報　159
10.4　水文大循環と GIS　160
10.5　水文中循環と GIS　161
10.6　水文小循環と GIS　162
10.7　まとめと今後の課題　162

11．ランドスケープと GIS ―――――――――――――［原　慶太郎］　165
11.1　環境の階層性とランドスケープ　165
11.2　ランドスケープエコロジー　167
11.3　ランドスケープの構造・機能・変化　168
11.4　GIS によるランドスケープ解析　170
11.5　自然環境管理におけるランドスケープスケールでの GIS 利用―丹沢大山自然再生を例に―　171
11.6　ランドスケープと GIS ―その未来―　177

索　引 ――――――――――――――――――――――――――――181

1 概　　　論

　本章は社会基盤・環境のための GIS（geographic information systems：地理情報システム）の概論である．GIS の解釈は多岐にわたるが，特に社会基盤や環境のため，すなわち，多くの人々に共通に使われるための地図やそれを扱うソフトウェアに関する技術・制度がどのようなものであるかを概観したい．具体的には，これまでの歴史的な流れ，行政や民間ビジネスにおける利用シーン，今後の役割分担のあり方，法制度の紹介を行う．

1.1　略　　　史

　システムとしての GIS の始まりという意味では，1960〜1970 年代に米国・カナダを中心に研究された TIGER（topologically integrated geographic encoding and referencing）が発祥として知られている[1]．その後，様々な人々が GIS を利用可能になったのは，TIGER をベースに米国 ESRI 社が商用の GIS ソフト「ArcInfo」を発売した 1981 年である．これら GIS ソフトは地図を使った専門家向けの解析ツールという位置づけであったが，その一方で，カーナビゲーションの分野は一般消費者向けに地図利用が模索された最初の事例といえよう．カーナビゲーションの開発は歴史的にも現在の市場としても日本ではたいへん進んでいる．ホンダ社がジャイロ式カーナビゲーション（当時 GPS をまだ利用していなかった）を奇しくも同じ 1981 年に発売したのが最初といわれている[2]．

　その後，国によるデジタル道路地図（digital road map：DRM）の整備やリアルタイムの渋滞表示を目指した VICS（vehicle information and communication system）などの活性化などもあり，CD-ROM などを主体としたカーナビゲ

ーションが先んじて1990年代に普及をみせる．一方で，GISソフトの方はメインフレーム主体で運用され，いわゆる「システムに詳しい」ユーザが利用する時代が長く続いたが，1990年代半ばに浸透してきたWindowsへの移植が進むと，PC主体での一般ユーザが増えてくるとともにデータ整備が進み，国内でも1995年に全国のデジタル地図を扱うことができるソフト（ゼンリン社）などが出てきた[3]．

また，2000年に入るとインターネットの普及も進み，ウェブによる各種データの公開などが始まった．特に国家政策としては，1995年の阪神・淡路大震災を受け，GISによる被害状況の迅速な共有の必要性が浸透したこともあり，国土数値情報，街区レベル位置参照情報，数値地図などの整備や電子国土の公開が進んだ[4]．一方で，民間分野ではインターネット分野は加速度を増し，Web 2.0といわれる時代に入る．2004年にはGoogle社がGoogle Mapsを公開し，エンドユーザが無償で情報を発信・閲覧できる広告分野のビジネスモデルの爆発的な普及が進み，GIS分野に大きな衝撃を与えている．

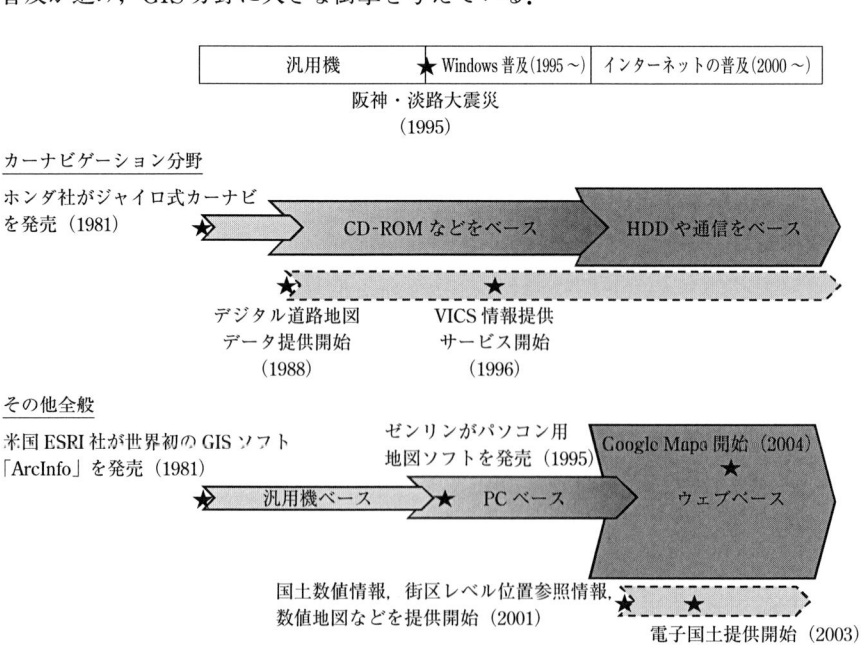

図1.1 社会基盤としてのGISの略史
点線は官側施策によるもの．

カーナビゲーションの分野もインターネットの中での位置づけを余儀なくされる中で，CD-ROMから，HDDや通信をベースにしたリアルタイム性を重視したタイプに形を変えるとともに，安全運転支援など，より実社会の生活を支援するものに深化する方向に歩み出そうとしている．以上をまとめると図1.1のように表される．

1.2 公共的な事業の説明責任への活用

　社会基盤としてのGISの略史は前節で説明してきたが，上記の一般利用以外に，行政主体としての利用をここでは説明する．行政の側面では，地域で住民のために情報提供をしたり，みずからの公共事業を説明する責任があるため，一目で趣旨を理解してもらえそうな視覚化の方法をつねに模索している．そうした意味では，GISは多くの情報を凝縮するのに適しているといえよう．たとえば，図1.2は道路における渋滞損失を立体的な3Dマップとして描いたものであり，色が濃いほど渋滞損失額は大きい．この場合では，東京23区の中央部や環状線周辺の渋滞損失がはっきりとわかる．また，図1.3は河川流域周辺の衛星画像や標高データと雨量のシミュレーションデータから時間ごとの想定浸水状況を描い

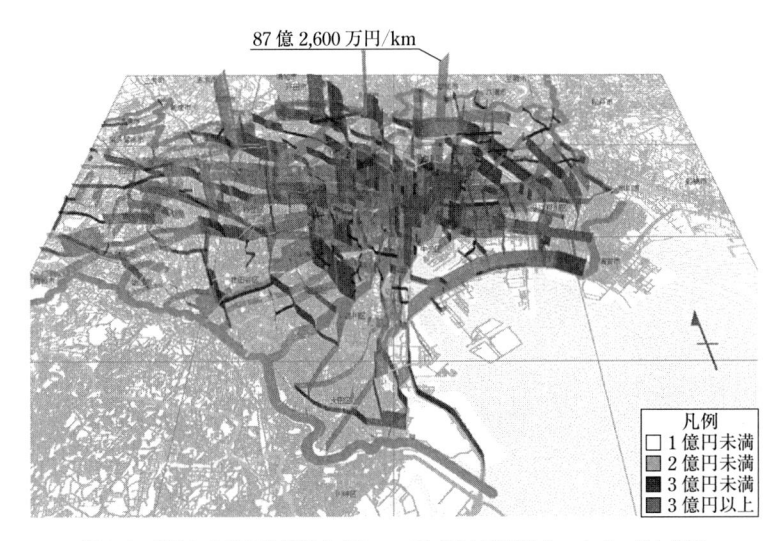

図1.2　道路における渋滞損失3Dマップ（国土交通省ホームページより）[5]

| 平常時 | 豪雨 1 時間後 | 豪雨 2 時間後 |

図 1.3 浸水想定シミュレーション（内閣官房ホームページより）[6]

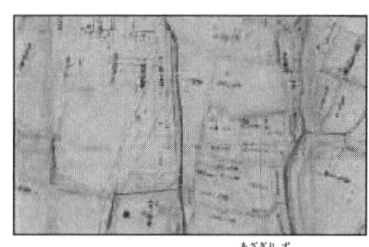

地籍調査前　公図（字限図）　　　　　　　　地籍調査後　地籍図

図 1.4 都市再生事業における地籍調査の推進（国土交通省ホームページより）[7]

たものである．これは標高データがあって初めて，水がどの方向に流れていくかが簡単にわかるため，かなりリアリスティックに浸水状況が想定できる．

また，都市再生という観点からは，土地取引が活性化しやすいように各地権者の境界がはっきりしている方が円滑に進みやすい．そのため 2004～2006 年にかけて地籍調査事業が進められ，地籍図の整備が進んだ（図 1.4）．

1.3 民間における新サービスの活性化

一方で，民間における地図の利用については 1.1 節で述べたように，1981 年のカーナビゲーションから始まり，ウェブの広まりとともにさらに年々活発化している．図 1.5 は一般的なカーナビゲーション画面である．車に設置している位置を計測する GPS を地図上に重ね合わせるとともに，多少のずれについては道路上に乗るようにマップマッチングをしたり，揺れをセンシングするジャイロを用いたりして，かなり正確な位置がわかるようになってきている．図 1.6 はウェ

図 1.5 カーナビゲーションにおける電子地図の利用（パイオニア社製品より）[8]

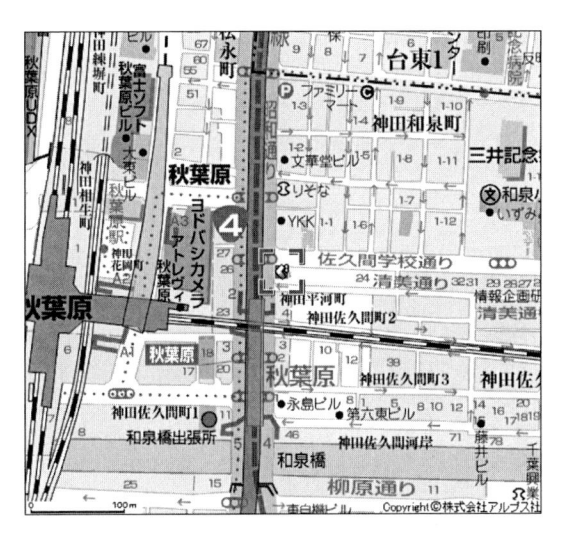

図 1.6 ウェブによる電子地図を用いた飲食店の案内（ぐるなびホームページより）[9]

ブによる電子地図を用いた飲食店の案内図である．インターネットの爆発的な普及により，こうして行く場所を URL で表現しメールで送付するといった利用が増えてきているのが，いまや最もわかりやすい事例になってきている．

1.4 社会基盤を支える役割分担の変化

1.4.1 Google Maps の事例

ここまで行政での利用，民間での利用を説明してきたが，GIS は地域的（あるいは全国的）にそろっていないとサービスを提供しにくい．社会基盤の意味合いが非常に強いわけであるが，はたして誰がメンテナンスをしていくのであろうか？社会基盤というと，公共事業＝お役所仕事のイメージがあるが，はたしてそうであろうか？

たとえば，図 1.7 は 1.1 節でも触れた Google Maps を活用した，2005 年に起きたハリケーン「カトリーナ」における被害情報の発信と共有事例である．これは被害情報をいろいろな人が登録したものであり，Google Maps が社会基盤のように機能している．もちろん Google 社は民間企業なので経営状況に応じてサービスを続けるのも止めるのも自由なわけであるが，民間企業でも社会基盤に近い形で機能することがあるといえよう．

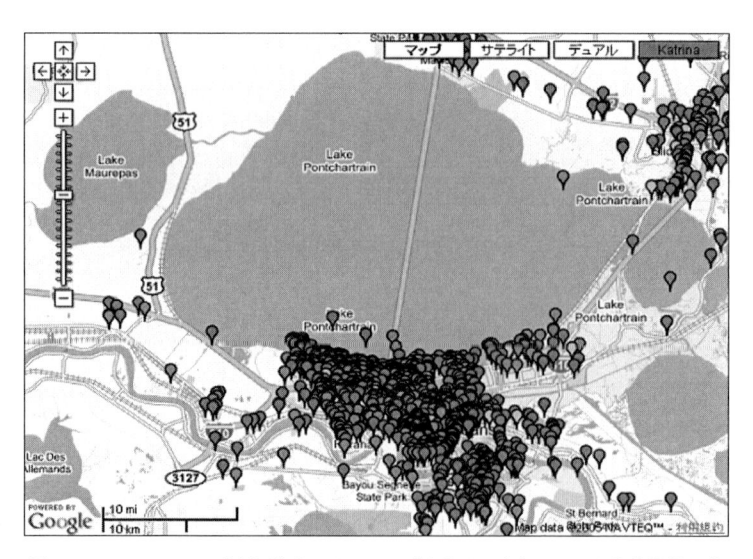

図 1.7 Google Maps を活用したハリケーン「カトリーナ」における被害情報の発信と共有[10]

1.4.2 GPS 衛星の事例

ただし，先ほどの Google 社のようなごく一部の非常に大規模な民間企業を除くと，社会基盤的なものは大規模であり，プロジェクトの立ち上げ時点でリスクを伴うため，技術的ノウハウとしても費用の確保という点でも，単独で行うことはなかなか難しい．そうした中で民間サービスを模索するもの，行政サービスを模索するもの，先端技術を提供するもの，地域での普及・人材育成を目指すものなど，多様な主体が協力するというのが一般的である．もちろん，こうした協働化の動きは様々な分野で目指されている流れであるが，この分野ではまだまだこれからおおいに検討の余地がある．

たとえば，図 1.8 は世界の GPS 衛星の推進状況である．米国が先行的に技術開発を行ってきたものであるが，Galileo（EU），GLONASS（ロシア），北斗（中国）などの検討が進みつつある．わが国も準天頂衛星が検討され，試験開発や 1 機の打ち上げまでは行うことが決定しているが，その後のことは議論中である（2008 年 12 月現在）．こうしたものは必ず官民の費用分担・責任分界が出てくるため，多くの人の合意形成そのものが重要である．

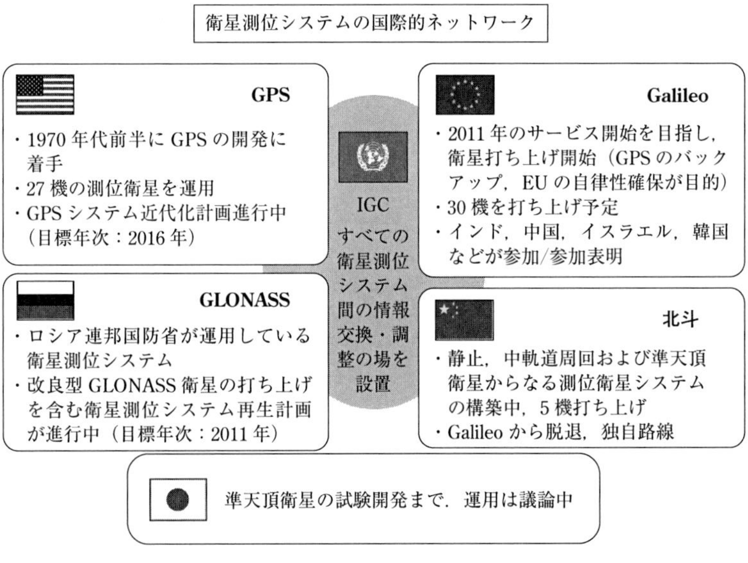

衛星測位システムの国際的ネットワーク

GPS
・1970 年代前半に GPS の開発に着手
・27 機の測位衛星を運用
・GPS システム近代化計画進行中（目標年次：2016 年）

Galileo
・2011 年のサービス開始を目指し，衛星打ち上げ開始（GPS のバックアップ，EU の自律性確保が目的）
・30 機を打ち上げ予定
・インド，中国，イスラエル，韓国などが参加／参加表明

GLONASS
・ロシア連邦国防省が運用している衛星測位システム
・改良型 GLONASS 衛星の打ち上げを含む衛星測位システム再生計画が進行中（目標年次：2011 年）

北斗
・静止，中軌道周回および準天頂衛星からなる測位衛星システムの構築中，5 機打ち上げ
・Galileo から脱退，独自路線

IGC すべての衛星測位システム間の情報交換・調整の場を設置

準天頂衛星の試験開発まで．運用は議論中

図 1.8　世界における GPS 衛星の推進[10]

1.4.3 制度的枠組みの必要性

こうした多様な主体による空間情報社会の推進にあたっては，産官学の役割やそれを後押しする制度的枠組み，法律などが必要になってくる．たとえば，いままで述べてきたような社会基盤的な地図に関する部分は国による整備が多かったが，社会的なスピードにあわせた展開を考慮すると，民間や地方自治体が主となり，国が基本方針を示して後押しするような責任分担や費用分担の考え方や法律が重要であり，それが社会基盤を揺るぎないものとする本質といえよう．次節では法体制について説明を行う．

1.5 法体制の整備—地理空間情報活用推進基本法の施行—

1.5.1 構成と目的

地理空間情報の基礎となる地理空間情報活用推進基本法（以下，基本法）[11]は2007（平成19）年5月23日に議員立法として成立，5月30日に公布，8月29日に施行された（平成十九年法律第六十三号）．基本法は，第一章総則（第一～八条），第二章地理空間情報活用推進基本計画等（第九，十条），第三章基本的施策（第一節総則：第十一～十五条，第二節地理情報システムに係る施策：第十六～十九条，第三節衛星測位に係る施策：第二十，二十一条）と附則から構成される．特に，最も基本となる第一条の目的では，基本法が国民生活のためのものであり，各者が協力しあい計画的に進めることが重要な旨が明記され，いままでGISがツールとしてとらえられていた点から，大きくフレームが広がったといえる（表1.1）．

1.5.2 用語の定義

また，第二条では用語の定義がなされた（表1.2）．GISの分野ではいままで法律用語がなかったため，定義されたことはエポックメイキングなことであっ

表1.1 基本法の目的（第一条より）

第一条　この法律は，現在及び将来の国民が安心して豊かな生活を営むことができる経済社会を実現する上で地理空間情報を高度に活用することを推進することが極めて重要であることにかんがみ，地理空間情報の活用の推進に関する施策に関し，基本理念を定め，並びに国及び地方公共団体の責務等を明らかにするとともに，地理空間情報の活用の推進に関する施策の基本となる事項を定めることにより，地理空間情報の活用の推進に関する施策を総合的かつ計画的に推進することを目的とする．

1.5 法体制の整備―地理空間情報活用推進基本法の施行―

表 1.2 用語の定義（第二条より）

第二条　この法律において「地理空間情報」とは，第一号の情報又は同号及び第二号の情報からなる情報をいう．
一　空間上の特定の地点又は区域の位置を示す情報（当該情報に係る時点に関する情報を含む．以下「位置情報」という．）
二　前号の情報に関連付けられた情報
2　この法律において「地理情報システム」とは，地理空間情報の地理的な把握又は分析を可能とするため，電磁的方式により記録された地理空間情報を電子計算機を使用して電子地図（電磁的方式により記録された地図をいう．以下同じ．）上で一体的に処理する情報システムをいう．
3　この法律において「基盤地図情報」とは，地理空間情報のうち，電子地図上における地理空間情報の位置を定めるための基準となる測量の基準点，海岸線，公共施設の境界線，行政区画その他の国土交通省令で定めるものの位置情報（国土交通省令で定める基準に適合するものに限る．）であって電磁的方式により記録されたものをいう．
4　この法律において「衛星測位」とは，人工衛星から発射される信号を用いてする位置の決定及び当該位置に係る時刻に関する情報の取得並びにこれらに関連付けられた移動の経路等の情報の取得をいう．

表 1.3 基盤地図情報に係る項目およびその内容（国土交通省令第七十八号第一条より）

項　目	内　容
測量の基準点	測量法（昭和二十四年法律第百八十八号）第十条第一項に規定する永久標識又は水路業務法施行規則（昭和二十五年運輸省令第五十五号）第一条に規定する恒久標識
海岸線	海面が最高水面に達した時の陸地と海面との境界
公共施設の境界線 (道路区域界)	道路法（昭和二十七年法律第百八十号）第二条第一項に規定する道路にあっては道路法施行規則（昭和二十七年建設省令第二十五号）第四条の二第四項第一号の道路の区域の境界線，道路法第二条第一項に規定する以外の道路にあってはこれに準ずる境界線
公共施設の境界線 (河川区域界)	河川法（昭和三十九年法律第百六十七号）第六条第一項の河川区域又は同法第百条第一項の規定により指定された河川について準用される同法第六条第一項の区域及びその他の公共の用に供する水路である河川の境界線
行政区画の境界線 及び代表点	行政区画（都道府県及び市区町村）の境界線とその代表点
道路縁	道路法第二条第一項に規定する道路にあっては道路構造令（昭和四十五年政令第三百二十号）第二条に定める歩道，自転車道，自転車歩行者道，車道，中央帯，路肩，軌道敷，交通島又は植樹帯で構成される道路の部分の最も外側の線（植樹帯が最も外側にある場合にあっては，当該植樹帯を除いた道路の部分の最も外側の線をいう．），道路法第二条第一項に規定する以外の道路にあってはこれに準ずる線
河川堤防の表法肩の法線	河川法第三条第二項の河川管理施設である堤防の表法肩の法線
軌道の中心線	軌道法（大正十年法律第七十六号）第一条第一項に規定する軌道及び同法が準用される軌道に準ずべきもの並びに鉄道事業法（昭和六十一年法律第九十二号）第二条第一項に規定する鉄道事業に係る鉄道線路の中心線

標高点	標高を測量し，又は算定した地点（基準点を除く．）
水涯線	河川，湖沼及びこれに接続する公共溝渠，かんがい用水路その他公共の用に供される水路（下水道法（昭和三十三年法律第七十九号）第二条第三号及び第四号に規定する公共下水道及び流域下水道であって，同条第六号に規定する終末処理場を設置しているもの（その流域下水道に接続する公共下水道を含む．）を除く．）の平水時における陸地と水面との境界線
建築物の外周線	建築基準法（昭和二十五年法律第二百一号）第二条第一号に規定する建築物の屋根の外周線
市町村の町若しくは字の境界線及び代表点	町又は字の領域を囲む線とその代表点
街区の境界線及び代表点	住居表示に関する法律（昭和三十七年法律第百十九号）第二条第一号の街区方式により住居表示されている地域にあっては，同号の定める街区符号が付された街区の境界線とその代表点，それ以外の地域にあっては，市町村内の町若しくは字の区域を道路，鉄道若しくは軌道の線路その他の恒久的な施設又は河川，水路等によって区画した地域の境界線とその代表点

た．まず，「地理空間情報」は位置に関連づけられた情報全般を指す広い概念である．その一方で，地理空間情報に対する位置の基準となるある程度の品質が保証されるものは「基盤地図情報」と定義され，厳密には国土交通省令で定めることとしている（表1.3）．この国土交通省令（第七十八号）[12]は基本法と同じ2007年8月29日に施行されている．また衛星測位そのものについても用語が定義されている．

1.5.3　基本理念や責務および基本計画
　また，第三条は第一条の目的を具体化するものとして基本理念を列挙している．要約すると以下のようになる．
- 国，地方などは地理空間情報の活用に関して連携を強化し，総合的，体系的な施策を行う義務がある
- 基盤地図と衛星測位との組合わせがコアになる
- 信頼性の高い衛星測位サービスを安定的に享受できる環境を目的とする
- 行政における地図情報の共有化などを進め，重複を廃し，効率化に寄与することを目的とする
- 民間事業者の能力が活用されるように配慮する
- 個人の権利，国の安全に配慮する

さらに，関係者の責務が記載されている（第四〜八条）．要約は以下のとおりであるが，地方分権にあわせる形で，国が総合的な政策を策定しつつも，地域の特性に応じて地方が方針を策定・実施できる．それと同時に，多様な主体による持続可能な維持管理が行えることを念頭において事業者や大学などとの連携なども明記している．

- 国：総合的に政策を策定・実施する
- 地方：国と役割分担し，地方の特性に応じて政策を策定・実施する
- 事業者：良質な地理空間情報を提供し，国・地方への協力を努力する義務がある
- 連携の義務：国，地方，事業者，大学などは連携をはかる
- 法制上の措置：国は，法制上，財政上の措置を講ずる

また，第九，十条は政府がこの基本法にあわせて推進のための基本計画を策定するとともに，インターネットで計画やその達成状況を公表する旨が記載されている．

1.5.4 地理情報システムや衛星測位に係る施策

第三章は個別の地理情報システムや衛星測位に係る施策であるが，おおむね基本理念を踏襲したものとなっている．ただし，基盤地図情報の整備などに係る施策では，具体的な技術上の基準を定めるものとし（表1.4），地図どうしのシームレス化の考え方や適合すべき規格（地理情報の標準に関わるJISやISOなど）を国土交通省の告示（第千百四十四号）[13]で決めている．

また基盤地図情報などの円滑な流通のために，第十八条では，国が保有する基盤地図情報などを原則としてインターネットを利用して無償で提供するものとする旨を記載している．一方で，衛星測位についてはかなり萌芽的段階であることから，法律上記載されることは限られるものの，国際的な協調関係や国が施策を行っていくことを明記している（表1.5）．

表1.4 基盤地図情報の整備などに係る施策（第十六条全文）

＜基盤地図情報の整備等＞
第十六条　国は，基盤地図情報の共用を推進することにより地理情報システムの普及を図るため，基盤地図情報の整備に係る技術上の基準を定めるものとする．
2　国及び地方公共団体は，前項の目的を達成するため，同項の技術上の基準に適合した基盤地図情報の整備及び適時の更新その他の必要な施策を講ずるものとする．

表 1.5 衛星測位に係る施策（第二十，二十一条より）

<衛星測位に係る連絡調整等>
第二十条　国は，信頼性の高い衛星測位によるサービスを安定的に享受できる環境を効果的に確保することにより地理空間情報の活用を推進するため，地球全体にわたる衛星測位に関するシステムを運営する主体との必要な連絡調整その他の必要な施策を講ずるものとする．
<衛星測位に係る研究開発の推進等>
第二十一条　国は，衛星測位により得られる地理空間情報の活用を推進するため，衛星測位に係る研究開発並びに技術及び利用可能性に関する実証を推進するとともに，その成果を踏まえ，衛星測位の利用の促進を図るために必要な施策を講ずるものとする．

1.6 その先にあるもの

　本章では社会基盤・環境のための GIS として，その略史を概観するとともに，行政や民間における利用例，またこのような社会基盤を多様な主体で支えていくために必要な法体系として施行されたばかりの地理空間情報活用推進基本法について説明した．

　GIS は，いままでみてきたように，現在は視覚化の道具としておもに活用されているものの，近い将来は電気や水のように，目立たないものの人間の生活を支える様々なもの（たとえば車の自動運転や身近な生活を補助するロボットなど）の空間情報基盤として浸透していくことが期待される．既存の枠にとらわれない研究開発や社会実験が重要である．　　　　　　　　　　　　　　［関本義秀］

引 用 文 献

1) 岡部篤行（1998）：空間情報科学の展開．CSIS Discussion Paper 1：1-13.
2) ホンダインターナビ・プレミアムクラブホームページ．
 http://www.honda.co.jp/magazine/archive/2007-summer/info-internavi/
3) ゼンリンホームページ．http://www.zenrin.co.jp
4) 国土交通省国土計画局 GISHP．http://www.mlit.go.jp/kokudokeikaku/gis/
5) 国土交通省道路局，渋滞３Ｄマップ．
 http://www.mlit.go.jp/road/ir/data/jutai/3dmap/3djm.html
6) 内閣官房，測位・地理情報システム等推進会議資料．
 http://www.cas.go.jp/jp/seisaku/sokuitiri/190531/index.html
7) 国土交通省土地・水資源局国土調査課，地籍調査とは．
 http://tochi.mlit.go.jp/tockok/know/arearegister/index.html
8) パイオニアホームページ．http://pioneer.jp/
9) ぐるなびホームページ．http://www.gnavi.co.jp/

引用文献

10) 地理情報システム学会：地域シンポジウム in 新潟講演資料，2007．
11) 平成十九年法律第六十三号「地理空間情報活用推進基本法」，2007．
12) 平成十九年国土交通省令第七十八号「地理空間情報活用推進基本法第二条第三項の基盤地図情報に係る項目及び基盤地図情報が満たすべき基準に関する省令」，2007．
13) 平成十九年国土交通省告示千百四十四号「地理空間情報活用推進基本法第二条第三項の基盤地図情報の整備に係る技術上の基準」，2007．

2 国土空間データ基盤

　GISは，地理空間情報を用いた様々な検索や分析などを可能にする有用な情報システムである．カーナビゲーションをはじめ，インターネットや携帯電話での様々な地理空間情報関連サービスなどは，一般への普及が大きく進展し，もはやわれわれの生活に不可欠なものとなっている．

　しかし，新たなGISを構築するのは，既存のGISサービスを利用するほど容易ではない．まず，必要なソフトウェア，ハードウェアやデータなどの仕様を決めるために専門分野以外の知識が必要になる．次に，これらの仕様が決まっても，その仕様を満足するデータが存在するか否かについての情報を入手する術がなかったり，データの存在がわかっても整備主体以外の利用が制限されていたりすればデータが存在しないことと同じになる．必要なデータが利用できなければ，高いコストをかけてデータをみずから作成することになる．そして，新たに作成されたデータを他者に周知する仕組みがなければ，同様なデータが必要となった他者は，それを別途整備するという重複投資の悪循環を生む．

　また，行政機関では，特定の行政目的のために地図を作成するため，他の目的での利用や他者とのデータ共用に対して制限が加えられる場合があり，データが整備され，存在が明らかでも活用できず，他者は重複したデータ整備を強いられる．同じ地域で重複して作成された地図は，測量誤差のために互いに完全には重ならず，それぞれの地図をベースに作成された主題情報の共用の妨げになる．これらの問題を乗り越えて，誰もがGISを容易に構築し，活用できるようにするためには，何が必要になるのであろうか．また，誰が何をすればよいのであろうか．

　これらの課題を解決し，多くの人がGISを容易に活用できるようにするため

に必要となると考えられているのが，国土空間データ基盤（National Spatial Data Infrastructure：NSDI）と呼ばれる新しい社会基盤である．NSDI に関する検討は米国を中心に始まり，その構築が世界各地で進められている．NSDI の必要性に対する認識は，わが国においても GIS に関する取組みを国家レベルに引き上げ，GIS の普及を加速させる原動力となり，2007（平成 19）年 5 月の地理空間情報活用推進基本法（以下，基本法）の成立をもたらした．今後も GIS のさらなる普及や活用の高度化に不可欠な社会基盤として，その構築の推進が期待されている．本章では，米国をはじめ，欧州やオーストラリアにおける NSDI に関する取組み例を紹介するとともに，基本法を中心にわが国の取組みについて概説する．

NSDI に関連して頻繁に用いられる用語のうち，位置に関係する情報を表す言葉としては，空間データ，空間情報，地理情報，地理空間情報などがあるが，これらの言葉は，歴史的な経緯から，文脈に応じて使い分けられたり，同義として使われたりしてきた．本章では，これらの言葉を統一することはせず，実際に使われた当時の表現やその直訳を使用している．なお，わが国の政府は，2006 年の地理空間情報活用推進基本法案の国会提出を踏まえ，すでに定着した GIS の訳語である「地理情報システム」や「地理情報標準」などの固有名詞化したものを除き，「地理空間情報」という言葉を使用している．

2.1 NSDI―その背景と意味―

わが国をはじめ世界各国で NSDI の構築に向けた取組みが本格的に始まるきっかけとなったのは，1994 年の米国大統領令 12906[1] である．この大統領令は，突然まとめられたのではなく，紙地図の時代から地図作成および測量における重複事業の回避や標準的な地図の整備のための連邦政府内の調整の中で生み出されたのである．地図のデジタル化が進み，GIS の活用が進展してからは，空間データの整備・利用・共用・提供の推進による連邦政府内部や官民での協同をはかることによる重複作業の回避が重要となり，その実現のために NSDI という新たな社会基盤の整備の必要性が認識されたのである．米国は，間近に迫った高度情報化や政府の歳出削減のための行政効率化に役立つ GIS の活用推進に不可欠な社会基盤として NSDI を位置づけ，大統領令にまとめたのである．

GISの普及を推進するためには社会基盤の整備が必要であるという考え方は，わが国において必ずしも最初から十分理解されてきたわけではなく，NSDIを多くのGIS利用者が共通に必要とする単なる地図データのことと誤解している人々も多い．もちろん，共通の地図データはGISの活用に欠かせないものであり，その存在がNSDI構築の核になっているともいえる．しかし，基本的な地図データが存在しても，それだけでGISの活用が進むわけではない．たとえば，利用者が地図データの存在を知らない，知っていてもその内容・品質がわからない，内容・品質がわかっても権利関係・制度上の問題があって利用できない（あるいは手続きが煩雑で実質的に利用に値しない），制度上利用できても地図データの維持管理が不十分で利用に値しない，有用な地図データが利用可能であっても使いこなす技術的サポートが十分ではないなど，地図データそのものに加えて，それを広く活用できるようにするための標準，制度，技術などの整備がGIS活用には重要である．このように，基本的な地図データに加え，その整備・流通・活用などを支える標準，制度，技術なども含めた総体を社会基盤としてとらえたものがNSDIなのであり，米国はいち早くそのことに気づき，国家レベルでの取組みを始めたのである．

2.2　NSDI構築に向けた取組み

　米国で始まったNSDI構築の取組みは，様々な国や地域でも行われるようになった．本節では，米国，韓国，欧州共同体およびオーストラリアを例に，海外のNSDI構築の取組みを紹介する．

2.2.1　米国の取組み

　米国は，上述の大統領令により，産学の専門知識の活用，地理情報クリアリングハウス（地理空間情報の所在や内容を記述したメタデータを集約し，インターネットで検索する仕組み）の設置および連邦予算執行におけるクリアリングハウスの活用，基盤データの整備・更新計画の策定，地理情報の整備における官民の協同のための戦略策定などに着手した．その後，連邦政府によるデジタル地図データ整備や標準化のいっそうの進展とインターネット上での地理空間情報の利用拡大を踏まえ，地理空間情報のワンストップサービス（geospatial one stop）を

開始した．これは，地理空間情報の検索・閲覧などの従来のクリアリングハウス機能に加え，入手したい地理空間情報や提供したい地理空間情報をウェブ上に掲示することで，官民の様々な機関・団体の地理空間情報を国民誰もが容易に利用できるポータルサイトであり，地理空間情報の活用を末端の利用者まで幅広く可能にした．

また，連邦政府の取組みに加えて，1980年代から急速に拡大した州レベルの取組みも特筆に値する．地理情報の調整を担当する職員を配置している州は1991年には全米の8割に達し，同じ年に全米州地理情報協議会（National States Geographic Information Council：NSGIC）が設立されている．NSGICは，州レベルでの地理情報に関する調整の推進，国の地理情報施策への州の立場の代弁，NSDI構築への州の活動支援を目的に活動している．また，全米の州における地理情報に対する取組み状況の調査を行っており，独自の判断基準を設けて地理情報に関する連携の進捗状況をとりまとめるなど，州における地理情報の活用推進に貢献している[2]．

さらに，米国における基盤的データ整備において中核的役割を果たしている米国地質調査所（US Geological Survey：USGS）は，連邦政府などのニーズに的確に対応していくために，「国家地図」（The National Map）という基盤的データの整備構想を2001年にまとめた[3]．

「国家地図」は，連邦政府機関に加え，州・地方政府や民間団体と協同で整備される最新かつパブリックドメインのデータで，ウェブ上での利用を前提としたものである．また，すべての空間データの参照データ（いわば位置参照の基準）になるため，真位置（印刷図のための転位は行わない）のデータであることや，整備主体のデータの切れ目（州や郡の境界付近）での連続性が確保されることを前提にしている．USGSは，「国家地図」整備のために地方に職員を派遣して，上述のNSGICなどと連携しながら州・地方政府などとの協同・連携をはかるとともに，変化情報収集やデータ編集・確認のためには他の団体や個人もボランティアとして活用することも想定している．さらに，データが最新であることの重要性を踏まえ，これまでのような数年～数十年の定期的な地図更新ではなく，週～月単位でデータの新鮮さが判断できるようになることを目指している．

「国家地図」の費用対効果に関する調査結果によると，「国家地図」を整備した場合は，整備しない場合と比較して，30年間に累計で約20.5億米ドル（2001年

時点の米ドルの価値に基づく）の純利益を国家にもたらすと推計されている[4]．

　しかし，「国家地図」の整備において，州・地方政府をはじめとした様々な主体との協同・連携を実現することは容易ではない．特に，最新かつ最も詳細なデータを整備・更新するには，最も現場に近い地方政府との連携が重要になるが，地方政府の必要は必ずしも「国家地図」により満足されるとは限らず，地域ごとにニーズなども異なっているため，協同・連携のあり方については，地域の実情に応じた様々なインセンティブの提供が不可欠となる．「国家地図」の実現には，従前の組織的な枠組みを超えた取組みを含めた関係者間の協同・連携のための努力と十分な時間が必要になる．

　米国は，NSDI構築に向けていち早く国家的取組みを開始し，標準化や技術開発などにおいて国際的に先導的役割を果たし，連邦政府レベルでの基盤的地理空間データの整備も積極的に推進している．今後は，「国家地図」の取組みにみられるように，独立性の高い州・地方政府まで含めた協同・連携の推進がNSDIの構築に向けて必要になっている．

2.2.2　韓国の取組み

　情報化の進展が著しい韓国は，1994年にソウル市，1995年にテグ市でそれぞれ発生したガス爆発事故を契機にGIS整備の重要性を認識し，NSDI構築においても国家的取組みを強力に推進してきた．特に，1995年からは国家的な地理情報基盤整備を目指す5カ年計画を実施し，まず第1期（1995～2000年）ではおもに既存地形図（縮尺1/1,000，1/5,000および1/25,000）のデジタル化，空間データの標準化などを行っている．縮尺1/1,000の地形図は，79都市で整備され，地方公共団体と国家測量地図作成機関である国土地理情報院（National Geographic Information Institute）の協同によりデジタル化が行われた．それ以外の縮尺の地形図は国土地理情報院がデジタル化した．第2期（2001～2005年）では，デジタル化された地形図データを空間データ基盤として整備するとともに，その更新の仕組みの整備，地下埋設物情報の整備，標準の更新，人材育成が行われた．また，第1期で整備されたデータを提供する仕組みが十分に構築されていなかったことから，空間データの提供システムやクリアリングハウスの構築が行われた．

　この間，国家地理情報基盤整備を法制度によりサポートするために，2000年7

月に「国家地理情報体系の構築及び活用等に関する法律」とその施行令にあたる大統領令が施行されている．この法律では，韓国政府が国家地理情報体系の構築および活用のために5カ年の基本計画ならびにその実現のための1年ごとの実施計画を策定し，基盤的なデータ整備はもちろん，研究開発，人材育成，データ流通，標準化，産業育成などに関する施策を実施することになっている．また，産学官などのセクターの間の協同・連携の重要性を踏まえ，地方公共団体による地域別実施計画の策定や産学との連携の推進も規定されている．

このように，韓国は政府の強いリーダーシップによる資源の確保や地方公共団体・産学との協同・連携をとおして，トップダウンでNSDI構築に積極的に取り組んでいる．

2.2.3 欧州共同体の取組み

米国のNSDIに関する大統領令およびその後のNSDI構築へ向けた取組みを契機に，欧州各国でもそれぞれの国情を踏まえたNSDIに関する検討や取組みが行われてきた．米国と同様に，地図をはじめとした地理空間情報のデジタル化に関しては，欧州先進諸国の国家測量地図作成機関を中心に1990年代以前から積極的な事業が展開され，デジタル地図データなどの整備・提供が進展していたため，デジタル地図データの整備は早期に行われた．しかし，データの整備内容・方法や整備主体には，各国の国家体制の違いなどによる差異が認められる．

たとえば，英国の場合は，国家測量地図作成機関であるOrdnance Survey (OS) が，都市部の大縮尺レベルのデータも含め，国家全体の基盤的でシームレスな地理空間情報をみずから整備・更新・提供しており，OSの整備・更新するデータが空間データ基盤の構築に大きく貢献している．現在，このデータはOS MasterMapとして提供されている．

また，フランスにおいても，国家測量地図作成機関のInstitut Géographique Nationalが，国土全体にわたって縮尺1/1,000の大縮尺を含む地図データや空中写真画像データを国家プロジェクトとして整備・更新しており，空間データ基盤整備のために重要な役割を担っている．

一方，連邦制をとっているドイツでは，連邦政府の地図測地庁であるBundesamt für Kartographie und Geodäsie（BKG）は，みずから整備している地図データは縮尺1/20万以下であり，それより大縮尺の地図データは州の測量局

により整備・更新されている．ただし，BKGは，各州の測量局が整備したデータの品質テストを行うとともに，シームレス化して提供しており，ドイツの空間データ基盤構築に貢献している．

これら欧州各国がそれぞれのNSDI構築を進める中，欧州共同体としての活動，特に環境保全に関する施策を統合的に進めるために，空間情報に関する基盤 (Infrastructure for Spatial Information in the European Community：INSPIRE) の構築，すなわち欧州地域全体の基盤整備を規定した指令（directive）が2007年1月に制定された[5]．地域全体の環境保全を推進することを目指した指令ではあるが，空間情報の利用，品質，アクセスなどの課題について，多くの政策に共通したものであり，様々なレベルの公共機関が直面している課題であるという認識に立っている点で，欧州全体のNSDIの地域版（いわば，地域空間データ基盤）の構築を目指したものとなっている．INSPIREと名づけられた欧州の空間情報基盤は，メタデータ・空間データおよび空間データサービス，ネットワークサービスおよびネットワーク技術，共有・アクセスおよび利用に関する合意，ならびにこの指令を踏まえて構築，運営，提供される調整・監視メカニズムおよびプロセス・手続きと定義されており，その構築に向けて様々な主体の協同が重要であることが理解できる．

INSPIREの背景には，各加盟国が整備する様々な空間情報に，アクセスの形式やデータ構造上の相違があり，共同体内での空間情報活用を推進するには，それらのデータの相互運用性を高めることが不可欠であるという事情がある．相互運用性を高めるには，国際標準の適用やデータの安価な公開などの取り決めが必要になる．たとえば，相互運用性を高めるために不可欠なメタデータ整備とその検索・閲覧・変換サービスなどについては具体的な規定がなされており，加盟国によるネットワークサービスの構築・運営が求められている．また，空間データの所在確認や閲覧のサービスを無償またはそれに近い料金で行うべきことも加盟国に義務づけられている．

一方，加盟国に対する過度の負担は，加盟国間の協同・連携，さらにはINSPIRE構築の妨げになる．法的な枠組みを定めることで欧州共同体地域における空間データの相互運用性を高めようとする試みは，空間データ活用の重要性および緊急性とともに，異なる組織の間で協同・連携を進めることが，それぞれの組織の自主的な取組みだけでは達成できないことを示唆しているとも考えられ

る．

2.2.4 オーストラリアの取組み

オーストラリアは，ドイツと同様に連邦制の国家であり，豪政府が全国整備する地図の最大縮尺は 1/25 万で，地籍をはじめとした測量や大縮尺の地図作成は，州政府などにより行われている．したがって，国全体の地理空間情報を整備・活用することは容易ではなかった．このため，豪政府と州政府などの間での土地情報の整備・活用に関する連携は，1980 年代には始まっており，それがニュージーランドも含めた枠組みである空間情報評議会（The Spatial Information Council of Australia and New Zealand：ANZLIC）に発展し，NSDI 構築のために中核的な役割を果たしている．ANZLIC は，空間データに関する共通の政策や標準の検討を行い，関係機関が空間データを管理する際の常套手段に関する情報の提供などを行っている．

一方，空間データの活用が急速に成長し始めたことをきっかけに，オーストラリアの産業界は政府と連携して空間情報産業の成長に必要な施策を集約した行動計画をとりまとめた[6]．この行動計画では，空間情報政策の枠組みの構築や公的機関が整備する空間データの商業利用促進施策などの必要性がうたわれている．このような産業界の強い要望を踏まえて，豪政府は空間データの利用および課金に関する新たな政策をとりまとめて閣議決定した[7]．この新政策策定以前は，空間データはデータの提供費用に基づいて価格が設定されていたが，インターネットの出現により，データ提供そのものの実費はゼロになった．そこで豪政府は，その保有する基盤的な空間データについて，インターネットで提供されるものについては，無償で利用契約できるようにし，商業利用の実質的な制限を撤廃したのである．このような政府の取組みは，官民の間の協同・連携の成功例として特筆すべきものである．

この新政策は，データ販売などにより直接的な資金回収を行うよりも，データをより使いやすくしたほうがはるかに経済的，社会的利益が大きく，社会全体の実質的な利益の最大化をはかることができるという考え方に基づいている．その正しさは，豪政府機関によるデータの低価格化の経験や，連邦政府がデータを無償提供する米国における強力な空間データ産業の出現によって実証済みと考えられている．

また，豪政府は空間データ基盤整備および維持更新に関しても協同・連携を進めている．空間データの収集・提供に関する責任は，豪政府ではなく州政府などにあるため，国土全体の空間データ基盤整備を担う組織は制度上存在しない．そこで，豪政府と州政府などは，共同出資による民間会社である PSMA Australia (Public Sector Mapping Agencies of Australia, 以下 PSMA) を 2001 年に設立し，シームレスな基盤的空間データの整備・更新を行うこととした．国土全体の空間データに関する取組みは，1990 年代はじめに国勢調査のためのデジタル地図データ整備を行うためのコンソーシアム設立により始まったが，その後，全国レベルのデータに対する産業界からの要望があり，公的資金による民間会社が組織されることとなった．PSMA が整備するのは，行政界（選挙区および統計区を含む），施設（宿泊，文化，教育，医療，礼拝，郵便など），住所，地籍，交通・水系，郵便番号の 6 種類であり，3 カ月ごとに修正・提供されている．ただし，原則として一般の利用者には提供せず，政府機関やカーナビゲーション会社，Google，Microsoft をはじめとした付加価値データ提供・販売企業へのライセンス提供のみを行っている．なお，PSMA に原データを提供する政府機関には，逆にライセンス料が支払われる仕組みになっている．

英国のように 1 つの国家機関が基盤的地理空間情報を単独で整備する国において，空間データ基盤を整備・更新していくことは，他機関との協同・連携が不要になる分，容易である．しかし，オーストラリアのように空間データ整備・提供に関する地方公共団体の権限が大きな国における NSDI 構築には，地方公共団体をはじめとした関係機関の協同・連携が不可欠である．この点で，PSMA は，地方公共団体が整備するものまで含めた詳細かつシームレスな基盤的地理空間情報を国家レベルで整備・更新する仕組みを構築した成功事例と考えることができる．

2.3 NSDI 構築に向けたわが国の取組みと将来展望

わが国の政府における GIS に関する取組みは，1974 年以来の既存地図の電子化による国土計画や都市計画をはじめとした個別 GIS の開発に代表されるように，個々の省庁のニーズや新規施策に基づく独立の取組みとして始まった．したがって，GIS の普及に役立つ仕組みづくりに関する政府レベルの議論は十分で

はなかった．しかし，1995年の阪神・淡路大震災を契機に，政府主導のGIS推進施策の必要性が認識され，政府は同年9月に地理情報システム（GIS）関係省庁連絡会議（以下，連絡会議）を設置してGIS施策に関する計画を作成し，政府としてNSDI構築に向けた取組みを開始した．

その後，GISと衛星測位に関する施策を総合的に推進するために制定された基本法およびそれに基づき閣議決定された地理空間情報活用推進基本計画（以下，基本計画）を踏まえて，2008年6月には地理空間情報活用推進会議が設置され，わが国のNSDI構築に対する取組みは，よりハイレベルなものになっている．

本節では，わが国におけるNSDI構築をいっそう推進することとなった基本法の背景や内容について概説するとともに，今後のNSDI構築を展望する．

2.3.1 地理空間情報活用推進基本法に至る背景

連絡会議の設置以降，政府は省庁間の調整を進め，基盤的空間データの整備を含むGIS関連予算の拡大，GIS官民推進協議会の設置，地方公共団体とのGISモデル地区実証実験の実施，各種GIS普及セミナーの開催などにより，GISの普及やNSDIの構築に計画的に取り組んできた．この結果，当初から計画されてきた地理情報の標準化，クリアリングハウス構築，全国レベルの基盤的地理空間情報整備，ウェブによる地理空間情報の提供など，政府が直接取り組むべき課題については着実な進展がはかられてきた．

また，NSDI構築に向けた取組みは，法定図書をはじめとした行政に不可欠な地理空間情報を整備・維持管理している地方公共団体にも一部広がり始めている．地方公共団体が整備する法定図書は，行政目的ごとに独立に整備される場合が多いが，デジタル化されて組織内部で共用化がはかられることによりGISの活用が促進され，重複的地図整備の回避や情報共有などによる行政の効率化が進展すると考えられており，地方公共団体におけるGIS活用の推進に対する期待は大きい．しかし，実務レベルでは，多くの地方公共団体において依然として紙地図の法定図書が数多く使われているなど，GIS活用に対する取組みに関しては地方公共団体間の温度差が大きい．

一方，カーナビゲーションなどに始まる民間による地理空間情報関連のビジネスは，携帯電話やインターネットによる地理空間情報提供サービスへと急速に拡

大・成長するとともに，サービス内容の高度化が進展してより詳細・新鮮な情報を提供できるようにするなど，大きく発展している．特に，米国の Google をはじめとした巨大 IT 関連企業が地理空間情報を活用したインターネット上での一般向けサービスを積極的に展開したことにより，これまでは専門家が中心であった地理空間情報や GIS の活用が一般の利用者に拡大した．

さらに，GPS を中心とした測位システム利用の普及も急速に拡大し，多くの携帯電話に GPS を用いた測位機能が搭載され，個々の利用者が特別な機器や技能をもたずにみずからの位置を 10 m 程度の精度で特定できるようになっている．個人による高精度測位情報と新鮮・詳細・高精度の地図データのユビキタスな利用の進展が大きなビジネス市場を生み，国民の生活における利便性や安全・安心の向上に貢献していくと考えられている．特に，GIS と衛星測位は，ともに位置と時刻に関する情報，すなわち 4 次元の情報を扱う基礎技術であるが，政府の中ではそれぞれ独立に施策の検討が行われていた．したがって，このような新しい分野のさらなる拡大を支援するためには，従来の NSDI に関する施策に加え，急成長する衛星測位と GIS 利用を国家レベルで総合的に推進するための施策を展開していくことが必要になってきたのである．

国際的にも，米国における次世代 GPS 推進および「国家地図」整備，欧州の Galileo 計画推進および INSPIRE 法制化，ロシアの GLONASS 事業強化，中国の測位衛星（北斗）打ち上げ，韓国の GIS 法に基づく基盤整備など，各国は競って地理空間情報を活用するための基盤整備に戦略的に取り組んでいる．わが国も諸外国の実績や教訓を生かしつつ，NSDI 構築や衛星測位利用に関する知見を深めて国内の地理空間情報活用を着実に推進するとともに，今後拡大が予想されるこの分野における国際競争力の強化を進めていく必要がある．

このような状況を踏まえ，わが国の情報化を進めるうえで不可欠な GIS の活用推進とともに，近年その利用が急速に一般化し，社会基盤として安定的なサービスの提供が不可欠となっている衛星測位の活用に対する適切な施策推進をはかるために基本法が構想され，2007 年 5 月に成立したのである．基本法は，NSDI 構築に関する法的な枠組みを与えるものであり，わが国全体の NSDI 構築を加速させるためにきわめてタイムリーな法であった（図 2.1）．

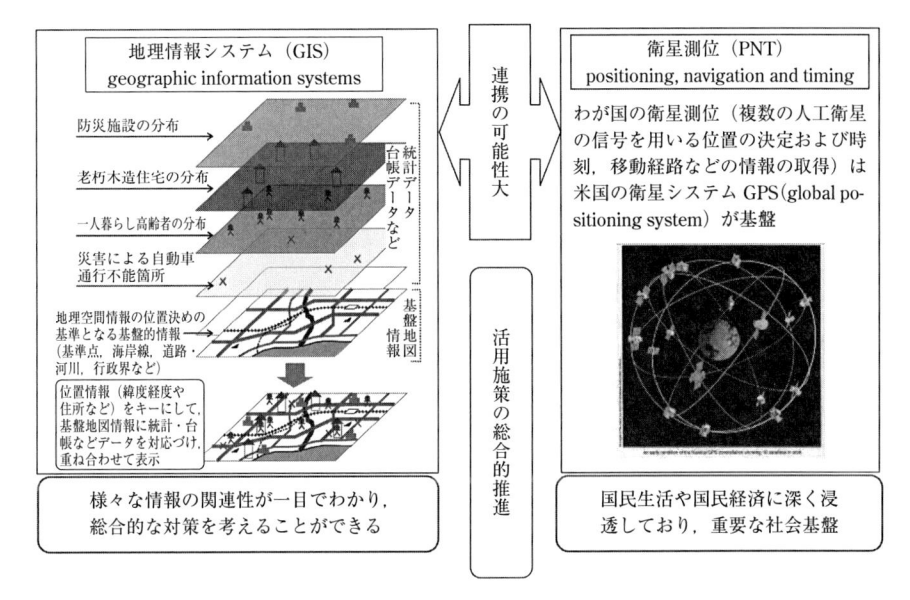

2.3 NSDI 構築に向けたわが国の取組みと将来展望　　25

```
┌─────────────────────────┐  ┌─┐  ┌─────────────────────────┐
│   地理情報システム（GIS）    │  │連│  │    衛星測位（PNT）         │
│ geographic information   │  │携│  │ positioning, navigation  │
│      systems             │  │の│  │      and timing          │
│                         │  │可│  │                         │
│  防災施設の分布            │  │能│  │ わが国の衛星測位（複数の人工衛星│
│                         │  │性│  │ の信号を用いる位置の決定および時│
│  老朽木造住宅の分布        │  │大│  │ 刻，移動経路などの情報の取得）は│
│                         │  │ │  │ 米国の衛星システム GPS(global po-│
│  一人暮らし高齢者の分布    │  │ │  │ sitioning system）が基盤 │
│                         │  │ │  │                         │
│  災害による自動車          │  │ │  │                         │
│  通行不能箇所              │  │活│  │                         │
│                         │  │用│  │                         │
│  地理空間情報の位置決めの    │  │施│  │                         │
│  基準となる基盤的情報        │  │策│  │                         │
│  (基準点，海岸線，道路・    │  │の│  │                         │
│  河川，行政界など)          │  │総│  │                         │
│                         │  │合│  │                         │
│  位置情報（緯度経度や       │  │的│  │                         │
│  住所など）をキーにして，    │  │推│  │                         │
│  基盤地図情報に統計・台      │  │進│  │                         │
│  帳などデータを対応づけ，    │  │ │  │                         │
│  重ね合わせて表示          │  │ │  │                         │
│                         │  │ │  │                         │
│ 様々な情報の関連性が一目でわかり，│ │  │ 国民生活や国民経済に深く浸│
│ 総合的な対策を考えることができる  │ │  │ 透しており，重要な社会基盤│
└─────────────────────────┘  └─┘  └─────────────────────────┘
```

図 2.1　地理空間情報活用推進基本法の背景（国土交通省資料を一部改変）

2.3.2　地理空間情報活用推進基本法の概要

　基本法は，地理空間情報の活用を推進するための基本理念とともに，国や地方公共団体などの責務を定め，政府が策定する計画に従って具体的な施策を実施し，基本理念を実現していく，という構成になっている（図 2.2）．

　基本理念では，地理空間情報が国民生活の向上および国民経済の健全な発展をはかるための不可欠な基盤であるとの認識に基づき，地理空間情報の電磁的方式による正確かつ適切な整備・提供，GIS や衛星測位技術の利用推進，人材育成，国や地方公共団体などの関係機関の連携強化施策などの総合的，体系的な実施をはじめ，GIS と衛星測位の連携施策の推進，衛星測位の信頼性および安定性の確保，地理空間情報の共用による行政運営の効率化および高度化，個人の権利利益や国の安全などへの配慮などがうたわれている．

　これらの基本理念に基づく具体的な施策は，地理空間情報の活用推進に必要となる調査研究，普及活動，人材育成のための施策をはじめ，地理空間情報の位置の基準となる基盤地図情報の整備，相互活用および提供，衛星測位のシステム運営主体との連絡調整などが中心である．政府は基本計画を定めてこれらの施策を

図中テキスト:

いつでも，どこでも，誰でも
地理空間情報*の高度な活用が可能
(*：地図，統計，画像などの位置と関連した情報)

衛星測位

共通のデジタル白地図
(基盤地図情報)

基本法の概要
【目的】
・地理情報システム(GIS)と衛星測位の活用推進による国民生活向上と産業発展
【理念】
・地理空間情報活用のための新しい情報基盤の形成
・GISと衛星測位の活用のための総合的・体系的施策の実施
・個人の権利・国の安全への配慮など
【基本計画による具体施策の推進】
・GISと衛星測位の施策を総合的，計画的に推進
・関係行政機関の協力体制の整備
・基盤地図情報の技術上の基準の策定
・基盤地図情報の整備・提供・活用
・衛星測位システムの運営主体との連絡調整など

地理空間情報を高度に活用できる社会の実現
・国民生活の利便性の向上（安全・安心の確保）
・新産業・新サービスの創出
・行政の効率化・高度化

図2.2　地理空間情報活用推進基本法が目指す社会（国土交通省資料を一部改変）

実施していくことになる．

　この基本法の特徴は，前述のように，これまで独立に検討されてきたGISと衛星測位に関する取組みを1つの法律のもとに統合したことに加え，地理空間情報の利用者が位置の基準として活用すべき最も基本的な情報として基盤地図情報を定義し，その整備・更新・活用を規定していることである．位置の基準としては，これまで国家基準点に代表される基準点が活用されているが，同じ基準点を用いても独立に作成された地図データは測量誤差のために厳密には重ならないため，今後，地理空間情報活用をはかるうえで必要となる異種の地理空間情報を重ね合わせることができるようにするために共用されるべき情報として基盤地図情報が位置づけられているのである．基本法は，この基盤地図情報に関して国や地方公共団体による整備・更新・活用の推進に加え，国が保有する基盤地図情報などを原則としてインターネットで無償提供するように義務づけるなど，具体的な施策を規定しており，基本法が実現を目指す社会における基盤地図情報の重要性が理解できる．

2.3.3 基本計画

基本法の規定に基づき，政府は2008年4月に基本計画を閣議決定した[8]．この計画には，誰もがいつでもどこでも必要な地理空間情報を使ったり，高度な分析に基づく的確な情報を入手し行動したりできる「地理空間情報高度活用社会」の実現を目指して政府が実施すべき様々な施策がまとめられている．

具体的には，地理空間情報の整備・提供・流通に関して，2010年度までに地理空間情報の位置的整合性を担保する方法，地理空間情報を容易に組み合わせて利用する方法の検討を行うことや，個人情報，知的財産権などの取扱いに関するガイドラインを策定することが計画されている．また，国土地理院が2011年度までに全国の基盤地図情報を概成すること，衛星測位の高度な技術基盤の確立と利用の推進のために2009年度打ち上げ予定の準天頂衛星の技術実証・利用実証を実施すること，産学官連携の強化のために地理空間情報産学官連携協議会（仮称）を設置することなどに重点がおかれており，これらの施策の着実な実施が期待されている．

2.3.4 わが国におけるNSDIの将来展望

基本法の成立により，わが国が構築すべきNSDIの青写真が示された．民間での地理空間情報ビジネスが拡大する中，地方公共団体が整備・維持管理する詳細な地理空間情報の流通・活用の重要性が高まっており，この青写真の実現には，国と地方公共団体，民間などとの協同・連携が不可欠である．これまで独立に整備していた地理空間情報の共用化を様々な組織や団体間で進めることが重要であり，そのためには従前の仕事の仕方や予算の使い方について改革を進めることが時として求められる．資金を投入すれば，時間のかかる改革をしなくても必要なデータ整備やシステム開発は可能であるが，地理空間情報の共用の推進や重複投資の回避という観点からは，大きな遠回りをすることになりかねない．もちろん，呼び水的な資金は必要になるが，NSDIの構築においては，いかに関係機関間の協同・連携をはかり，行政の高度化や地理空間情報活用のためのコミュニティの構築を推進していくかが重要なのである．

このようなプロセスは，NSDI構築・利用に関わる団体，特に公的機関に対して，これまでとは異なる業務形態や制度の導入を迫る可能性もある．本格的なIT時代の到来を見据えて，1993年に当時のゴア米副大統領が，「われわれは意

を決して，製造時代の政府から情報時代の政府，自己の存続に腐心する政府から国民への奉仕に腐心する政府へ生まれ変わるのである」[6]と述べたように，時として既存の枠組みにとらわれない施策の展開が必要になる．

わが国の法令や枠組みは，必ずしも国と地方公共団体間の協同を想定していない場合もあり，NSDI構築に向けた取組みは様々なところで隘路に入る可能性もある．しかし，NSDI構築の近道は，地理空間情報に対する産学官の間の協同のための継続的な連携・調整・変革の努力の積み重ねである．海外においては，オーストラリアや欧州の取組みにみられるように行政機関間の協同を実現するために様々な取組みがなされており，わが国でも社会に適合したNSDI構築のあり方の模索が必要である．上述の基本計画は，産学官の連携も重要視しており，基本計画にまとめられた施策への取組みを根気よく継続することでNSDIの構築が着実に進展していくことが期待される．その指標となるのは，国民が地理空間情報を駆使して，いかに容易（無意識）に，いかにタイムリーに，いかに的確な意思決定や問題解決を行うことができるようになったかであり，その達成が新しい地理空間情報高度活用社会の実現を意味する． ［村上広史］

引 用 文 献

1) Clinton, W. J. (1994)：Coordinating geographic data acquisition and access：The National Spatial Data Infrastructure. Executive Order Number 12906, The White House.
2) National States Geographic Information Council (2004)：State Model for Coordination of Geographic Information Technology, 7p.
3) U.S. Geological Survey (2001)：The National Map：Topographic Mapping for the 21st Century. Office of the Associate Director for Geography, U.S. Geological Survey.
4) Halsing, D., et al. (2004)：A Cost-Benefit Analysis of The National Map. U.S. Geological Survey, 40p.
5) European Union (2007)：Directive of the European Parliament and of the Council establishing an Infrastructure for Spatial Information in the European Community (INSPIRE). PE-CONS 3685/2006, Brussels, 17 January 2007.
6) Commonwealth of Australia (2001)：Spatial Information Industry Action Agenda：Positioning for Growth, 123p.
7) Commonwealth of Australia (2001)：Australian Government Policy on Spatial Data Access and Pricing, 70p.
8) 測位・地理情報システム等推進会議 (2008)：地理空間情報活用推進基本計画．
http://www.gsi.go.jp/kihonhou/katuyoukihonkeikaku.pdf

3 都市とGIS

　土地利用変化の予測や遷移構造の分析は，今後の計画案策定時の基礎資料となるだけでなく，いままでに実施されてきた都市政策を検証するうえでも重要である．また，建築物や敷地は，都市を構成する基本要素であり，これらの状態とその変化をとらえることは，都市を理解し，また，計画するためには欠かせない．

　従来までの都市空間分析は，利用可能なデータやコンピュータの計算能力などの制約から，理論研究が先導する形で展開されてきた．しかし，近年の空間データの整備と普及，また，ソフトウェアの低廉化とハードウェアの高性能化は，現実のデータを用いた実証研究はもとより，理論研究のパラダイムまでも大きく転換させようとしている．

　昨今の空間データ整備の進展には目を見張るものがあり，都市空間分析における研究テーマの新たな展開や研究内容の深化を支えるバックボーンとなることが期待される．本章では，複数時点の空間データを利用することで，土地利用の変化，敷地の変化，建築物の変化を読み取り，都市空間に潜在する様々な法則性を抽出し，都市を対象とした時空間分析の方法論について論述する．

3.1 土地利用の変化をとらえる

3.1.1 ラスタデータを用いた従来の土地利用分析

　都市・地域計画の分野では，土地利用の遷移構造をいかに分析するかという点に関して，ラスタデータを利用した様々な手法が提案されてきた[1~4]．しかし，こうした土地利用遷移確率を用いた従来の分析手法は非常に簡便であるものの，様々な問題を内包しているように思われる．たとえば，土地利用変化の基本単位

は敷地であり，変化した面積（セルの数）をもとに推定する従来の方法では，真の遷移構造を見失う危険性がある[5]．さらに，対象地域内には確率的には変化せず，安定的に存在し続ける地点（以下，安定地点）を含む可能性がある．つまり，対象地域内のすべての地点が確率的に変化することを仮定した従来のモデルでは誤った予測結果を導く危険性がある．以下では，こうした従来の土地利用遷移モデルの課題について検討する．

3.1.2 敷地単位の土地利用遷移確率

従来の土地利用遷移モデルでは，都市空間内のすべての地点がそれぞれ独立に変化するものと考え，過去の2時点間に変化した土地利用面積から遷移確率を推定していた．しかし，現実の土地利用変化について考えると，各地点はばらばらに変化するのではなく，ある大きさをもつ敷地を1つの単位として変化している．たとえば，図3.1の単純な例をみてもわかるように，変化した面積（セルの数）から求める方法と変化した敷地の数から求める方法とでは明らかに異なる遷移確率行列が得られてしまう（セルの大きさが十分に小さい場合でも同様である）．遷移確率の構造を現実に即した形で把握するためには，敷地単位で遷移確率をとらえる方が望ましい．すなわち，遷移確率は敷地形状をデータ化したポリゴンデータを用いて求めることが望ましい[6]．

コンピュータ技術の進展に伴い，近年ではベクタデータが主流となりつつあるが，ラスタデータの歴史は古く，わが国においても数値細密情報（国土地理院）

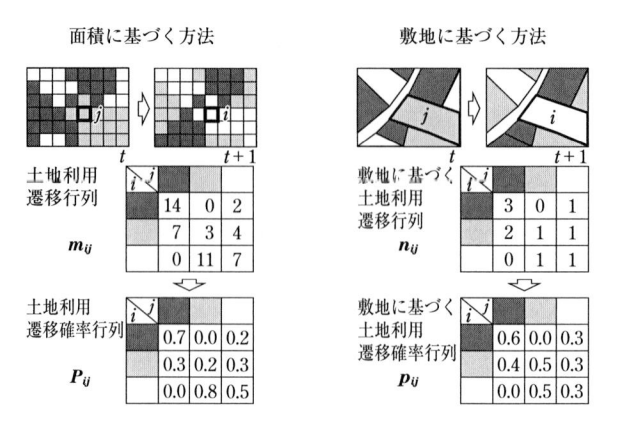

図3.1 土地利用遷移確率の求め方の違い

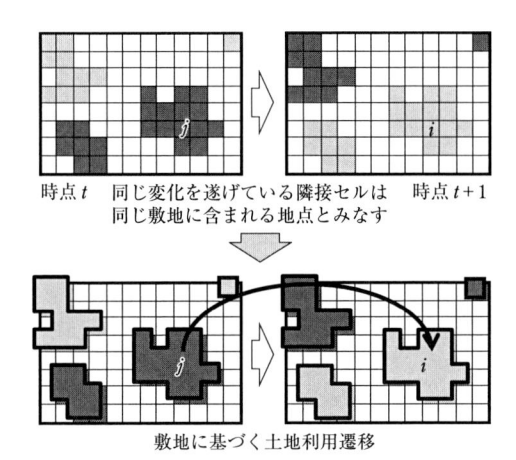

図3.2 平均敷地面積を求める方法

をはじめ，広範囲にわたる詳細なラスタデータが何年にもわたって整備されている．こうした既存データは死蔵させることなく，重要な社会資本の1つとして今後も有効活用していく必要がある．そのため，ラスタデータを用いて敷地に基づく遷移確率行列を推定する方法が提案されている[7]．具体的には，図3.2に示すように，2時点間の土地利用ラスタデータにおいて，同一の変化過程を経た地点が隣接して存在する場合には，それらは1つの敷地を構成しているものとみなし，土地利用が j から i に変化する際の平均敷地面積 a_{ij} を用いて推定する方法である．

既存の土地利用データ（数値細密情報：首都圏1984，1989年）を用いて，平均敷地面積 a_{ij} を都心からの時間距離圏ごとに求めた結果を図3.3に示してある．変化前の土地利用に着目すると（図3.3左），造成中地の値が20分圏で高く，臨海部における大規模開発を示唆している．工業用地については，都心部から郊外にかけて比較的広い面積単位で変化しているが，住宅用地や商業業務用地の平均敷地面積は距離圏によらずほぼ一定であり，ここでの分類の中では最も小さい．さらに，変化後の土地利用分類に着目すると（図3.3右），各分類とも都心から遠ざかるに従って平均敷地面積は大きくなる傾向にある．すなわち，土地利用変化前の敷地面積は，都心部と郊外部で大きく違わないものの，土地利用変化後に形成される敷地は郊外の方がいくぶん大きくなっている．

このように，土地利用が変化する際の平均敷地面積は，変化前後の用途によっ

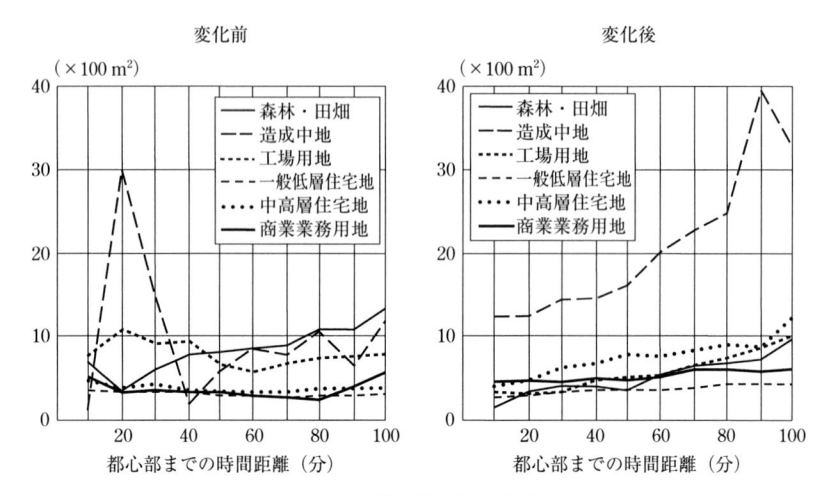

図3.3 平均敷地面積の分布

て大きく異なり，また，都心からの距離圏によっても異なる．ラスタデータを用いて敷地に基づく遷移確率行列を推定する際にはこれらの事実を反映させることが必要である[7]．

3.1.3 安定地点を考慮した土地利用遷移

　敷地の中には，都市公園や軍事基地などのように，確率的には変化しない敷地が存在する．また，宅地に隣接する森林・荒地は宅地化される可能性はあっても，山間部は長期にわたり安定的に存在し続けると考えられる（図3.4）．こうした安定地点の存在を考慮すれば，従来の土地利用遷移モデルは以下のように改める必要がある．

　3時点の土地利用ラスタデータから，各時点間の敷地単位の遷移行列 $n_{ij}(t)$ と $n_{ij}(t+1)$，3時点間変化しなかった敷地数 $r_j(t)$ を求めれば，各土地利用についての安定した状態にある敷地数 s_j と，確率的に変化する敷地の遷移確率 $q_{ij}(t)$ を推定することができる（図3.5）．モデル式の具体的な導出過程については大佛ら（1998）[7]を参照されたい．

　安定地点の存在を仮定した敷地に基づく土地利用遷移モデルを用いて，実際の土地利用データを分析し，安定状態にある敷地数の推定を試みた．土地利用分類ごとに，都心からの時間距離圏別に安定地点の敷地割合を推定し，その結果を図

3.1 土地利用の変化をとらえる 33

従来の方法 　　　　　　　安定地点を考慮した方法

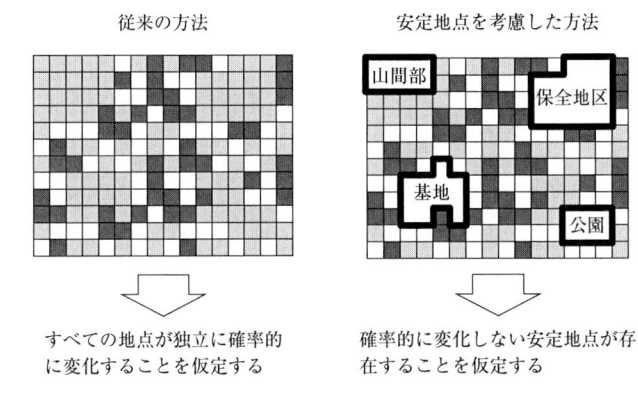

すべての地点が独立に確率的　　確率的に変化しない安定地点が存
に変化することを仮定する　　　在することを仮定する

図 3.4 安定地点の存在

3 時点の時系列データ
t 　　　$t+1$ 　　　$t+2$

$n_{ij}(t)$ 　　$n_{ij}(t+1)$ ← 敷地に基づく遷移行列

$r_j(t)$ ← 時点 $t \sim t+2$ まで土地利用が変化しなかった敷地の数

$$q_{ij}(t) = \frac{n_{ij}(t)}{\sum_k n_{kj}(t) - s_j} \quad (i \neq j)$$

$$q_{jj}(t) = \frac{n_{jj}(t) - s_j}{\sum_k n_{kj}(t) - s_j}$$

$$s_j(t) = \frac{r_j(t) \sum_k n_{kj}(t+1) - n_{jj}(t) n_{jj}(t+1)}{r_j(t) + \sum_k n_{kj}(t+1) - n_{jj}(t) - n_{jj}(t+1)}$$

s_j 安定状態にある敷地の数
$q_{ij}(t)$ 確率的に変化する敷地の遷移確率

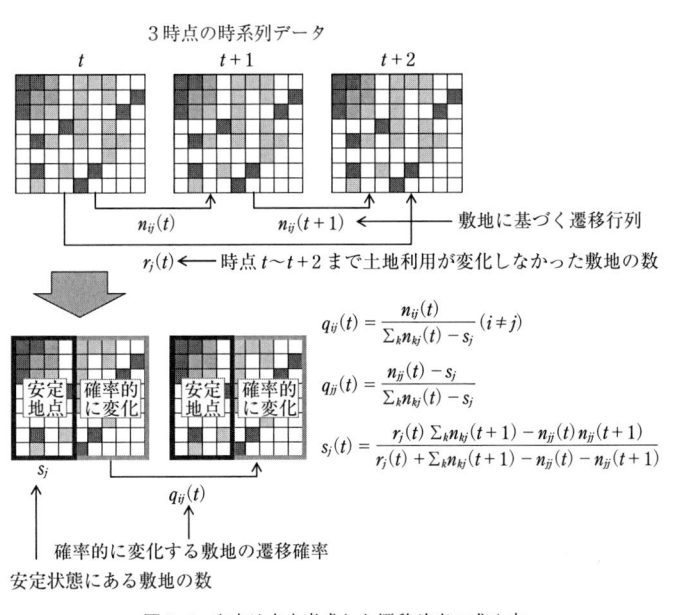

図 3.5 安定地点を考慮した遷移確率の求め方

3.6 に示してある．空地系の用途は距離圏によらずほぼ一定の低い値を示すのに対し，一般低層住宅地や商業業務用地では都心で高く，郊外へ向かうにつれて低くなることがわかる．一般に，都心部ほど土地利用変化は激しいと考えられているが，確率的に変化する可能性の有無で評価すると，むしろ都心部の方が変化する地点は少ないことがわかる．この結果は，住居専用地域や商業地域などの用途

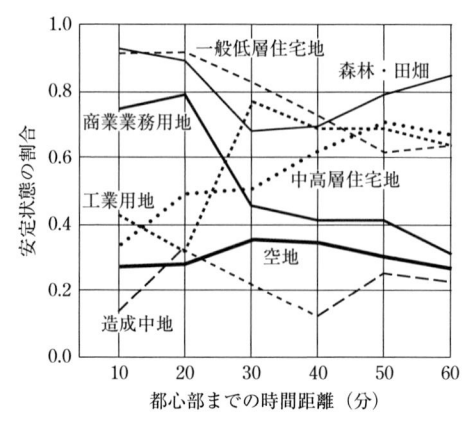

図 3.6 安定状態にある敷地の割合

地域指定が，土地利用遷移の方向を規定しているためと考えられる．

3.2 敷地の変化をとらえる

3.2.1 既成市街地における敷地分割

近年，都市部では敷地の細分化が進行している．既成市街地における敷地の過度の細分化は，住環境を悪化させ，土地の高度利用を阻害する一因となる．さらには，防災面でも様々な弊害をもたらす危険性が高い．そのため，都市計画的には敷地の過度の細分化は抑制し，狭小な敷地は統合を促進させ，より大きな敷地を維持・形成させることが望ましい．そのため，土地の細分化を扱った研究はこれまで数多くなされてきた[8,9]．また，実際の土地利用の基本単位は敷地であることから，土地の細分化についても敷地に着目した分析が試みられてきた[10-13]．

一方，わが国では，古くから敷地規模基準の設定方法に関する研究が試みられている[14]．1992（平成 4）年の都市計画法・建築基準法の改正により，第一種・第二種低層住居専用地域において敷地面積の最低限度を定めることが可能となり，いくつかの地方公共団体で最低敷地規模規制が導入され，関連研究も多く行われている[15,16]．

3.2.2 敷地の分割ポテンシャルと分割パターン

以下では典型的な密集市街地を多く含む東京都におけるある地方公共団体（約15万敷地）についての分析事例をもとに，敷地分割のメカニズムについて論述する．まず，土地利用計画データ（1991，1996年）を用いて，2時点間の敷地形状の変化から敷地分割についての情報を抽出した．これに土地利用規制や家屋の情報を含む東京都都市計画地理情報システムデータ（1991，1996年）をGIS上で統合し，分析のための基礎データとしている．また，敷地の間口や奥行，接道方位，最寄り駅までの時間といった敷地に関する詳細な情報についてもGISの機能を活用することで追加している．このようにGISに備わる機能を用いれば，

表3.1 敷地の分割特性

＜分割確率について＞
①敷地の大きさが非常に強く関係しており，敷地面積は広いほど分割が生じやすい
②奥行きよりも間口の方が分割のしやすさに与える影響は強い
③間口と奥行のどちらかが10mに満たない敷地では分割は発生しにくい
④延床面積の大きい建築物が建っている場合や，堅牢建築物が存在する敷地では分割は発生しにくい（敷地分割の一部は建築物の除却更新プロセスの中で発生している）
⑤無接道敷地は分割しにくく，接道数が2以上の敷地で分割しやすい
⑥敷地の縦横比の影響も強く，奥行の浅い敷地で分割が発生しやすい
⑦実容積が法定容積に満たない（容積充足率の低い）敷地ほど分割が発生しやすい
⑧平均建築面積の大きい地域や平均法定容積率の低い地域，平均容積充足率の低い地域で分割しやすい
⑨棟数密度や商業用地面積率が高い地域で分割しやすい．ただし，木賃アパートが多い密集市街地では分割しにくい

＜多分割確率について＞
①複数の敷地に分割するためには十分大きな面積が必要であるが，それ以上に間口の長さの影響が大きい
②建築面積や敷地面積の影響も大きい
③間口は長くなるほど，敷地面積は大きくなるほど多分割される確率が高くなる
④容積率の高い場所ほど，多分割される

＜単純分割と旗竿分割について＞
①間口の長さが大きいほど単純分割になりやすい
②奥行が深いほど旗竿分割になりやすい
③縦横比（間口に対する奥行の深さ）が大きいほど旗竿分割になりやすい
④実容積率が高い敷地で単純分割になりやすい（旗竿分割では「竿」の部分には建築することができず，敷地を高度に利用できないため）
⑤住宅用途の敷地では旗竿分割になりやすい（接道長さの重要度が他の用途よりも低いため）
⑥商業系用途地域では単純分割になりやすい（接道長さが敷地の価値を決める重要なファクターであるため）
⑦北面または南面で接道する敷地は単純分割になりやすい（北側または南側接道の敷地で旗竿分割を行うと建築物が南北に並立し，特に住宅地では日照問題を招きやすいため）

原データには存在しない様々な情報を容易に付加することができる．

まず，敷地の分割のされ方について考えると，
　①どのような敷地が分割されやすいのか（任意の敷地の分割確率はどの程度か）
　②分割されるとすると，どのように分割されるのか
という疑問に直面する．さらに，②については，
　③いくつの敷地に分割されるのか（多分割確率はどの程度か）
　④2分割される場合，単純分割か旗竿分割か
という分割特性についての疑問も生じる．①についてはロジットモデルを用いて，③についてはAICに基づく分割表解析[17]を用いて，さらに，②，④については正準判別分析を用いて分析したところ，表3.1に示す敷地分割特性が明らかとなっている[18]．

ここでは，基本的な分割特性についてのみ言及しておこう．まず，一見複雑そうにみえる敷地分割の根底にも単純分割，角地分割，旗竿分割という3つの基本分割パターンが存在している（図3.7）．分割後に2つの敷地になる2分割が全

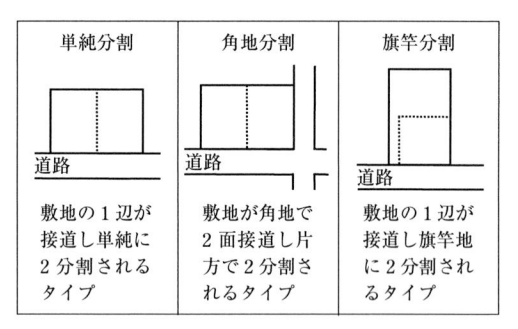

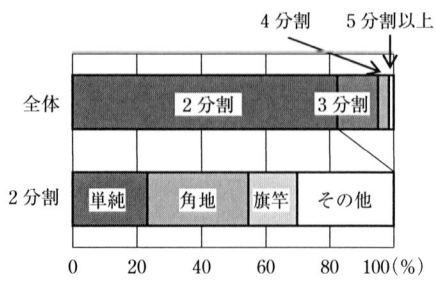

図3.7 敷地分割の基本パターンと発生率

3.2 敷地の変化をとらえる

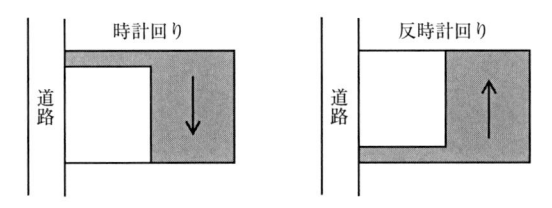

旗竿分割における接道方位と回転方向の関係（事例数）

接道方位	北	東	南	西
時計回り	75	111	64	92
反時計回り	75	88	128	110

図 3.8　旗竿分割における接道方位と回転方向の関係

体の8割強を占めており，また，2分割のうち約7割が基本分割パターンである．残りの約3割は敷地形状や分割の仕方が複雑であるなど多種多様な分割事例で構成されている．さらに，旗竿分割における接道方位と旗竿部分の位置関係について調べると（図3.8），東側接道の場合には時計回りが，西側接道の場合には反時計回りが相対的に多いことがわかる．これは，限られた敷地面積の中で，日照を最大限確保するためには南側にアプローチ（竿の部分）を設けた方が有利であるためと推測される．また，南側接道の場合は反時計回りが多い．これは，西日を避け，東側からの朝日を確保しているためと推測される．

3.2.3　敷地の分割・統合モデルとシミュレーション

　実際にこれから施行しようとする具体的な施策内容について，どのような効果がどの程度得られるのかを事前に知ることは難しい．もし，規制内容別にその効果を定量的に評価することができれば，木目の細かい施策を適切なタイミングで施すことが可能となり，また，地権者や市民に対する説明責任も理論的根拠をもって果たすことができる[16]．

　前項は敷地分割についての説明であったが，敷地統合についても同様に検討し[19]，また，敷地分割モデルと敷地統合モデルを一体化して，将来の敷地の状態を予測するシミュレーションモデルを構築した[20]．以下では，このシミュレーションモデルを用いて，敷地の過度の分割を抑制するために導入された「最低敷地規模規制（法定建蔽率40％，50％，60％に応じて，それぞれ100 m²，80 m²，70

m^2 以下となる敷地への分割を抑制する規制)」の効果の検証結果について概説する.

低層住居専用地域において「面積規制（最低敷地規模規制)」を行った場合と，行わなかった場合，すなわち「接道規定」[*1] のみの場合，さらに，「規制なし」の場合について，平均敷地面積の推移を求めた．その結果を図 3.9 左に示してある．何の制約も設けない「規制なし」と比較すれば，「接道規定」は，平均敷地面積の減少を 6 期先（30 年後）で約 1% 抑制する効果があることがわかる．しかし，「接道規定」のみでは，平均敷地面積は $258.2\,m^2$（0 期）から $244.0\,m^2$（6 期）へと，$14.2\,m^2$（5.5%）小さくなってしまう．これに対して，「面積規制」を行った場合には，3 期先で平均敷地面積は最小となり，4 期以降では微増となる．このような挙動を示すのは，初期段階においては分割ポテンシャルの高い敷地が先行して数多く分割されるものの，面積規制のもとでは分割することのできる敷地数が徐々に減少し，やがて分割よりも統合の方が多くなるためと考えられる．すなわち，「最低敷地規模規制」は，低層住居専用地域における敷地の細分化をこれ以上進行させない規制として（現状を維持する程度の規制として）機能すると評価することができる．

ただし，低層住居専用地域においては，いわゆる「旗竿分割」が頻繁に発生する（敷地が 2 分割されるケースの約 1/3 が旗竿分割である）．旗竿敷地では，「竿」の部分には建築物を建設することが困難であり，そのため「旗」の部分に

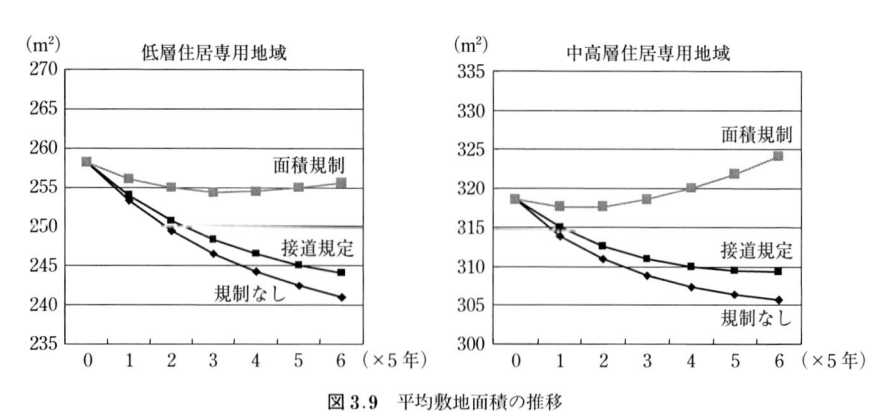

図 3.9 平均敷地面積の推移

[*1] 非常時の避難や消火活動などの理由から，建築物の敷地は 2 m 以上の幅で道路に接しなければならないとする規定．建築基準法第 43 条．

建蔽率いっぱいまで建築されることが多い．その結果，密集市街地などでは四方とも建築物に囲まれ，また，隣棟間隔が非常に短くなり通風・採光条件を損なうだけでなく，火災時には延焼の危険性が増大するなど，住宅地環境の悪化をもたらす．すなわち，敷地が旗竿分割されるような場合には，たとえば「竿」の部分の面積を上乗せして最低敷地規模を設定するような方法についても検討することが必要であろう．

次に，中高層住居専用地域におけるシミュレーション結果（図 3.9 右）をみると，平均敷地面積は「接道規定」のみの場合は，318.6 m^2（0 期）から 305.7 m^2（6 期）へと，12.9 m^2（4.0%）小さくなるが，「面積規制」を行うと 6 期先には 324.1 m^2 まで拡大し，平均敷地面積を 5.5 m^2（1.7%）程度大きくすることができる．中高層住居専用地域においては，「面積規制」は平均敷地面積の縮小を抑制し，むしろ，拡大する方向へ誘導することのできる規制として機能する可能性がある．「接道規定」のみでは敷地の細分化が進行することが懸念され，また，低層住居専用地域における面積規制は，中高層住居専用地域における敷地の細分化として発現する可能性もある[16]．すなわち，低層住居専用地域のみならず，中高層住居専用地域においても「面積規制」を導入することの必要性は高いと考えられる．

以上では，建蔽率との関係から規制内容を設定し，実際に施行されている面積規制について分析した．しかし，同一の規制を広域かつ一律に適用することは，一定規模以上の敷地の細分化を容認すると同時に，既存不適格敷地の発生を引き起こしてしまうことになる[21]．実際の規制適用に際しては，地区や街区の特性を見極めながら行うことが必要である．

3.3 建築物の変化をとらえる

3.3.1 建築物の除却・更新

既成市街地では建築物が除却され，新たな用途の建築物が建設されることで土地の利用のされ方が変化する．すなわち，建築物の除却のされやすさ（または，残存のしやすさ）は，土地利用変化の方向やスピードに深く関わっている．一般に，地目の変化が主たる関心事である郊外部での土地利用変化とは異なり，既成市街地においては建築物の除却・残存性向をどのようにとらえるかが，より詳細

な土地利用モデルを構築するうえで重要な視点となる[6].また,家屋の不燃化や耐震化がはかられるのも,家屋の除却・更新が契機となることが多い.すなわち,建築物の除却・残存性向に関する議論は,地域の不燃化や耐震化の進展するスピードとも関連しており,地域防災計画について考えるうえでも重要である[22].そのため,信頼性理論に基づき,個々の建築物の築年数と除却・残存に関するデータをもとに建築物の残存確率を推定する研究が行われてきた[23~26].しかし,建築物の築年数と除却・残存に関する情報については一般には入手困難であり,提案されている手法の応用範囲は限られていた.

以下では,建築物の残存のしやすさを記述する残存確率関数モデル(残存確率関数,区間残存確率関数)を安定的に推定する方法について概説する.さらに,築年数に関する情報が得られていない場合でも,数値地図をもとに建築物の老朽度を求め,これを用いて将来の残存建物数を推計する方法について解説する.

3.3.2 残存確率関数モデルの導出と推定

建築物の築年数を t ($t>0$),建築物の属性(建物用途,立地場所の特性など)を j ($j=1,\cdots,m$)で表現する.属性 j の新築の建築物が t 年後まで残存し続ける確率を $P_j(t)$ で表し,「残存確率関数」と呼ぶ.信頼性理論[27]における基礎的な知見と簡単な数式計算から,$P_j(t)$ は次式で表現することができる.

$$P_j(t)=\exp\left[-\sum_{k=1}^{K}a_{jk}t^k\right] \quad (3.1)$$

ただし,a_{jk} は未知パラメータである.さらに,築年数 t まで残存した建築物が,築年数 $t+\Delta t$ ($\Delta t>0$)まで残存し続ける確率を $P_j(t+\Delta t|t)$ と表現し,「区間残存確率関数」と呼ぶ.区間残存確率関数 $P_j(t+\Delta t|t)$ は条件付確率であるので,式(3.1)の残存確率関数 $P_j(t)$ を用いて次式で表現される.

$$P_j(t|\Delta t|t)=\frac{P_j(t+\Delta t)}{P_j(t)}=\exp\left[-\sum_{k=1}^{K}a_{jk}\{(t+\Delta t)^k-t^k\}\right] \quad (3.2)$$

すなわち,未知パラメータ a_{jk} の値が求まれば,残存確率関数,および,区間残存確率関数を得ることができる.モデル式の導出過程や推定方法の詳細については,大佛・鎌田(2005)[28]を参照されたい.

ある地方公共団体における建築物の築年数と除却・残存に関するデータを用いてパラメータ a_{jk} を推定した.区間残存確率関数 $P_j(t+5|t)$ を図3.10に示して

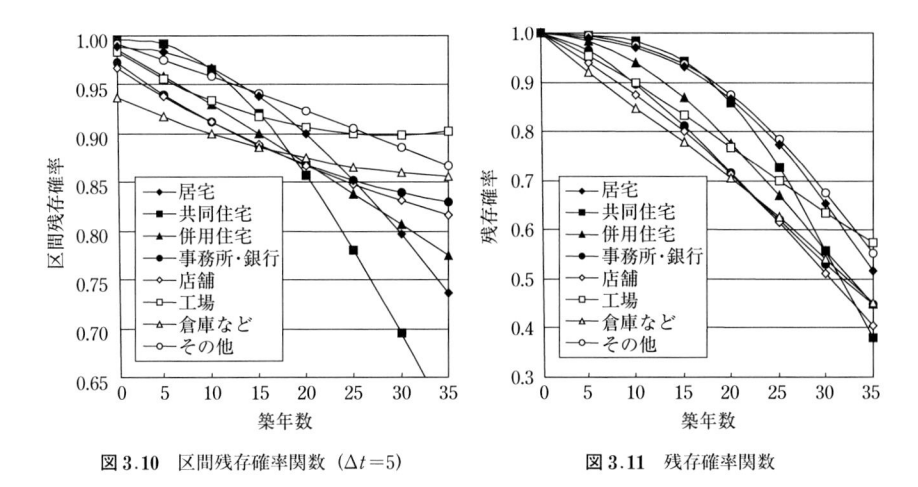

3.3 建築物の変化をとらえる　　41

図 3.10　区間残存確率関数（$\Delta t = 5$）

図 3.11　残存確率関数

ある．この区間残存確率関数を用いれば，建築物が5年後まで残存する確率を容易に求めることができる．たとえば，築15年の共同住宅であれば，5年間の残存確率は約0.92であり，築30年の共同住宅であれば約0.70であることなどを容易に知ることができる．同様に，残存確率関数 $P_j(t)$ を図3.11に示してある．この残存確率関数 $P_j(t)$ を用いれば，たとえば，新築された共同住宅が15年後まで，または，30年後まで残存し続ける確率は，それぞれ約0.95，約0.55であることなど，各用途別の具体的な寿命特性を読み取ることが可能となる．

残存確率関数モデルは築年数 t の連続関数として構成してあるので，任意の築年数 t の残存確率 $P_j(t)$，および，任意のタイムラグ Δt の区間残存確率 $P_j(t+\Delta t \mid t)$ を求めることができる．そのため，従来の方法よりも応用性が高く，様々なシミュレーションへ組み込むことが可能である．

3.3.3 地域内建物平均老朽度の推定方法

区間残存確率関数の逆関数を構成すれば，区間残存率から築年数を推定することが可能となる．具体的には，①ある地域内において Δt 年間に観測される建築物の除却・残存数から当該地域における区間残存率（地域内区間残存率）を推定する．たとえば，観測時点の異なる2つの数値地図や航空写真を比較して建築物の除却・残存数を求めれば，地域内区間残存率を推定することができる[29,30]．②次に，この推定値を区間残存確率関数の逆関数に代入すれば，当該地域に存在す

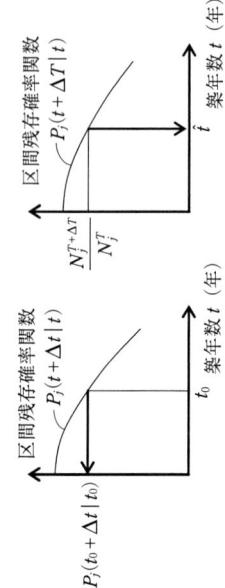

図3.12 残存建物数の推計方法

時点 T の建物数 N_j^T

① 個々の建物の築年数 t
② 地域内平均築年数 $\bar{t}$
③ 地域内平均老朽度 $\hat{t}$

残存確率関数モデル $P_j(t)$
区間残存確率関数 $P_j(t+\Delta t | t)$

③ 地域内区間残存率 $\bar{P}_j(\Delta t)$

2時点 $(T, T+\Delta T)$ の建物形状データ

時点 $(T+\Delta t)$ の残存建物数 $N_j^{T+\Delta t}$ の将来推計

<区間残存確率の推定方法>
築 t_0 年の建物が Δt 年後まで残存する確率は,区間残存確率関数に t_0 を代入して推定する

<建物平均老朽度の推定方法>
2時点 $(T, T+\Delta T)$ の建物形状データから地域内の建物の区間残存確率を求めて,期間 ΔT の区間残存確率を用いて推定する

区間残存確率関数 $P_j(t+\Delta t|t)$

$\dfrac{N_j^{T+\Delta T}}{N_j^T}$

築年数 t（年）

[方法①] 個々の建物の築年数 t を用いる場合
個々の建物の築年数 t を代入し,建物ごとに区間残存確率を推定

$N_j^{T+\Delta t} = \sum_t N_j^T(t) P_j(t+\Delta t|t)$

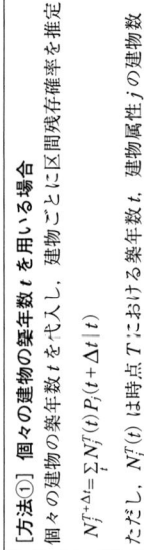

ただし,$N_j^T(t)$ は時点 T における築年数 t,建物属性 j の建物数

[方法②] 地域内の建物の平均築年数 $\bar{t}$ を用いる方法
地域内の建物の平均築年数 $\bar{t}$ を代入し,すべての建物に共通する区間残存確率を推定

$N_j^{T+\Delta t} = N_j^T P_j(\bar{t}+\Delta t|\bar{t})$

[方法③] 地域内区間残存率 $\bar{P}_j(\Delta t)$ を用いる方法
2時点 $(T, T+\Delta T)$ の建物形状データから区間残存率 $\bar{P}_j(\Delta t)$ を求め,地域内の建物が今後も一定の割合で除却されると考える

$N_j^{T+\Delta t} = N_j^T \bar{P}_j(\Delta t)$

ただし,$\bar{P}_j(\Delta t) = \left(\dfrac{N_j^{T+\Delta T}}{N_j^T}\right)^{\Delta t/\Delta T}$

[方法④] 地域内建物平均老朽度 $\hat{t}$ を用いる方法
地域内建物平均老朽度 $\hat{t}$ を用いて区間残存確率を推定

$N_j^{T+\Delta t} = N_j^T P_j(\hat{t}+\Delta t|\hat{t})$

ただし,T 時点における地域内建物平均老朽度 $\hat{t}$ は,2時点 $(T, T+\Delta T)$ の建物形状データから推定する

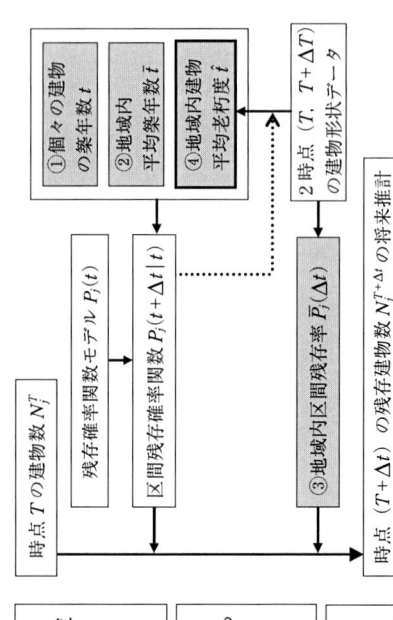

る建築物の平均的な老朽度（地域内建物平均老朽度）を推定することができる（区間残存確率関数の逆関数を構成しなくとも，区間残存確率関数のグラフ（図3.10）をもとに具体的な数値を読み取ってもよい）．

3.3.4 除却・残存建物数の将来推計と推計精度

個々の建築物の築年数に関する情報が得られれば，当該建築物の区間残存確率を推定することができ，個々の建築物の除却・更新プロセスを組み込んだ詳細なシミュレーションモデルを構成することができる．しかし，築年数に関する情報を得ることは一般に容易ではない．そこで，「地域内建物平均老朽度」を利用すれば，築年数に関するデータが得られていない場合でも，除却・残存建物数の将来推計を比較的高い精度で行えることを示す[31]．

除却・残存建物数を推定する方法には，図3.12に示す4つの方法（方法①〜④）が考えられる．まず，①と②は築年数に関する情報を直接用いる方法である．一方，③と④は2時点の建物形状に関する図形データを用いて推定する方法である．方法①〜④を用いて除却・残存建物数の将来推計を行い，その推計精度について検討した．その結果を図3.13に示してある．当初は「商業系」建物の結果のように，個々の建築物の築年数を用いる方法①が最も高い推計精度を示すものと予想された．しかし，商業系以外の用途では，予想とは異なり，方法④が優れていることがわかる．町という比較的小さな空間単位では，除却・残存性向の地域格差が大きく影響するために，詳細な築年数情報を利用する方法①であっても推計精度は高くならない．一方，方法④によれば，たとえば，実際は比較的

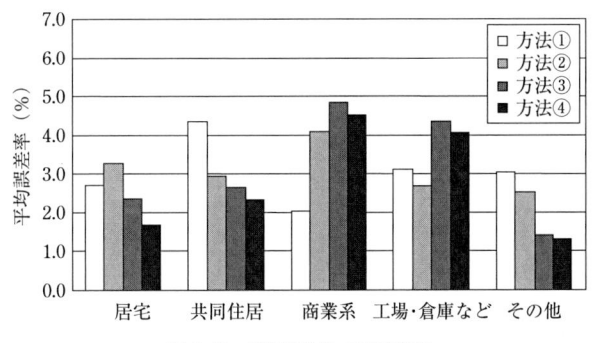

図3.13　残存建物数の推計精度

新しい建築物が多い地域であっても，除却率の高い地域では相対的に高い老朽度の地域とみなされるなど，当該地域の除却・残存性向を反映させることができるため，高精度で推計することができるものと考えられる．

3.3.5 東京都区部における残存建物数の将来推計

東京都都市計画地理情報システムデータ（1991，1996年）を用いて，図形のオーバーレイ機能を駆使して除却・残存建物数を求め，東京都区部における地域内建物平均老朽度を町単位で推定した．その結果の一部を図3.14に示してある．

次に，方法④に基づき残存建物数の将来推計を行った．残存建物率（1991年に存在した建物数に対する2016年の残存建物数の割合）を町単位で求め図3.15に示してある．図は，現存する建築物の残存のしやすさの空間分布を示している．

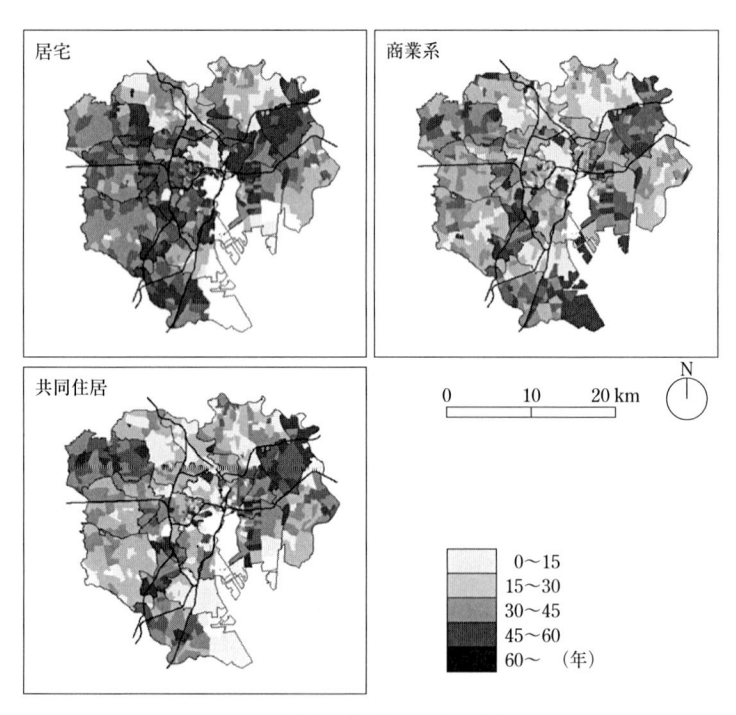

図3.14 地域内建物平均老朽度の空間分布

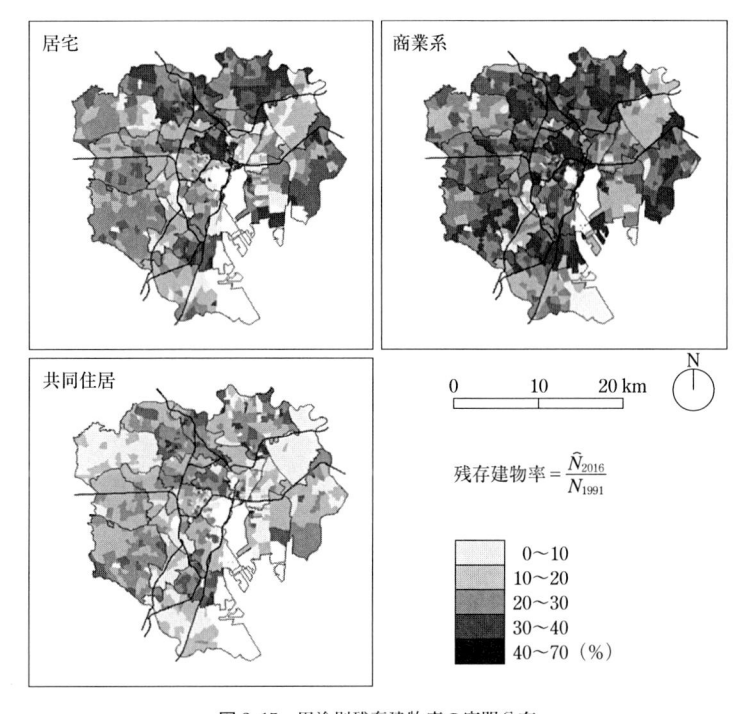

図 3.15 用途別残存建物率の空間分布

3.4 まとめと今後の展開

本章では，GIS データを用いて都市の変化を抽出し分析する方法について概観した．具体的には，まず，ラスタデータを用いて土地利用遷移確率を推定する際の問題点について整理すると同時に，既存の大規模ラスタデータを有効活用するための分析方法について述べた．

次に，どのような敷地が分割されやすいか，または，どのように分割されやすいのかについて考察し，敷地の分割の仕方に影響する敷地条件や接道条件，場所性などについて述べた．さらに，敷地の分割・統合を記述する確率モデルを用いてシミュレーションを行い，最低敷地規模規制による市街地コントロールの可能性について述べた．

最後に，建築物の除却・残存特性を記述する残存確率関数モデルについて概説し，2時点の建物形状のデータから地域内建物平均老朽度を求め，将来の除却・

残存建物数の推計を行う方法について説明した.

衛星画像やGPS, レーザ測量技術などをはじめとする関連分野の進展と相まって, 時間軸を取り込んだ多次元GISデータの整備はますます加速されるものと思われる. こうしたデータベースは即時公開し, みなで相互に活用しながら付加価値を高め, より精緻で高度な「社会資本」として活用される必要がある. 複数時点の空間データを活用した都市の時空間分析は, 将来の都市の状態を占ううえでも, また, 都市を好ましい状態へ誘導していくためにも, 重要な研究分野の1つになると考えられる. 従来までの「空間分析」が真の意味で「時空間分析」へと大きく展開されることが期待される. [大佛俊泰]

引用文献

1) 金 俊栄ほか (1991):土地利用遷移行列による都市の土地利用用途転移の分析. 日本建築学会計画系論文報告集, **424**:69-78.
2) 石坂公一 (1992):土地利用遷移行列の分析手法に関する考察. 日本建築学会計画系論文報告集, **436**:59-69.
3) 青木義次・永井明子・大佛俊泰 (1994):遷移確率行列を用いた土地利用分析における誤差評価. 日本建築学会計画系論文集, **456**:171-177.
4) 大佛俊泰・栗崎直子 (1996):効用概念に基づく土地利用遷移確率モデルの構築とその応用. GIS—理論と応用, **4**(2):7-14.
5) 吉川 徹 (1994):二項分布による敷地土地利用転換モデルに関する考察. 総合都市研究, **53**:113-121.
6) 大佛俊泰ほか (2003):敷地単位の転換確率に基づく土地利用モデル. 日本建築学会計画系論文集, **564**:203-210.
7) 大佛俊泰ほか (1998):都市メッシュデータを用いた土地利用遷移確率行列の推定方法. 総合都市研究, **65**:25-33.
8) 松縄 隆・小松ゆり枝 (1986):既成市街地における土地の細分化に関する考察. 日本都市計画学会学術研究論文集, **21**:73-78.
9) 高見沢邦朗 (1977):既成市街地における宅地の細分化と権利移動. 日本建築学会論文報告集, **254**:89-96.
10) 日高靖朗・浅見泰司 (1998):遺伝的アルゴリズムを用いた敷地分割最適化システム. 地理情報システム学会講演論文集, **7**:275-280.
11) 浅見泰司・マニルザマン, K. M. (1994):住宅用敷地の枢要形状存在仮説の統計的検証. 総合都市研究, **53**:99-111.
12) 浅見泰司ほか (1994):街区の住宅敷地分割特性に関する数理形態学的研究. 第一住宅建設協会.
13) Maniruzzaman, K. M., et al. (1994):Land use and the geometry of lots in Setagaya ward Tokyo. GIS—理論と応用, **2**:83-90.
14) 河中 俊 (1984):住宅の敷地規模基準およびその提案に関する史的考察. 日本都市計画

引用文献

学会学術研究論文集, **19**：115-120.
15) 林田康孝（2003）：横浜市における敷地規模規制の導入経緯及び規制内容設定の考え方. 日本都市計画学会都市計画論文集, **38**(1)：58-66.
16) 林田康孝（2005）：最低敷地規模規制の導入効果に関する基礎的分析―横浜市における住宅敷地面積の変化分析を中心として―. 日本都市計画学会都市計画論文集, **40**(2)：33-38.
17) 坂元慶行ほか（1983）：情報量統計学, 236p, 共立出版.
18) 大佛俊泰・井上 猛（2006）：敷地の分割ポテンシャルと分割パターンのモデル分析. 日本建築学会計画系論文集, **605**：151-157.
19) 大佛俊泰・井上 猛（2005）：既成市街地における敷地統合のモデル化と要因分析. 日本建築学会計画系論文集, **592**：147-153.
20) 大佛俊泰・井上 猛（2007）：既成市街地における敷地の分割・統合シミュレーションと最低敷地規模規制の検証. 日本建築学会計画系論文集, **614**：199-204.
21) 鶏内久之ほか（2005）：住宅地における敷地狭小化に対する規制誘導手法に関する研究―江戸川区を事例として―. 日本都市計画学会学術研究論文集, **40**：433-438.
22) Osaragi, T. (2005)：The life span of buildings and the conversion of cities to an incombustible state. *Safety and Security Engineering IV*, pp.495-504, WIT Press.
23) 小松幸夫ほか（1992）：わが国における各種住宅の寿命分布に関する調査報告―1987年固定資産台帳に基づく推計―. 日本建築学会計画系論文報告集, **439**：101-110.
24) 小松幸夫（1992）：建築物寿命の年齢別データによる推計に関する基礎的考察. 日本建築学会計画系論文報告集, **439**：91-99.
25) 堤 洋樹・小松幸夫（2004）：1980年以降における木造専用住宅の寿命推移. 日本建築学会計画系論文集, **580**：169-174.
26) 大佛俊泰・清水貴雄（2002）：建築物の除却関連因子と残存確率曲線の推定. 日本建築学会計画系論文集, **560**：201-206.
27) 市田 崇・鈴木和幸（1984）：信頼性の分布と統計, 322p, 日科技連出版社.
28) 大佛俊泰・鎌田詩織（2005）：建築物の残存確率関数モデルの導出と地域内建築物平均老朽度推定への応用. 日本建築学会計画系論文集, **595**：81-85.
29) 三浦昌生・八講朋子（1997）：住宅の築年数調査による建て替えが必要な地区の抽出. 日本建築学会大会学術講演梗概集, D-1：989-990.
30) 伊藤香織・曲渕英邦（2001）：既存情報を活用した時空間データ作成手法―地図内・地図外情報の曖昧性を考慮した空間要素同定を用いて―. 地理情報システム学会講演論文集, **10**：147-150.
31) 大佛俊泰・鎌田詩織（2006）：残存確率関数モデルを用いた除却・残存建物数の推計方法について. 日本建築学会計画系論文集, **609**：41-46.

4 交通とGIS

4.1 交通分野におけるGIS

　交通計画の分野で利用されているGISについて現時点での技術動向を踏まえつつ，①交通分野におけるGIS活用の視点，②交通分野におけるデータ処理の特徴，③交通政策課題のGISによる評価可能性を順番に整理していく．

4.1.1 交通分野におけるGIS活用の視点

　GISとは，コンピュータ上に地図情報や様々な付加情報をもたせ，作成・保存・利用・管理し，地理情報を参照できるように表示機能をもったシステムのことであり，交通分野における活用状況は，経済分野やマーケティング，社会学などの分野と比べ大きな違いはないように思われる．もしも交通分野だけが特に有する独自の特徴があるとすれば，交通分野では，「移動」そのものを取り扱っているという点につきる．ネットワーク上を移動する移動体（車や人，電車やバス）をどのようにGIS上で記述し，交通政策の対象単位となるリンク（道路の交差点と交差点の間を結ぶ道路の単位）やノード（交差点）にどのようにしてこうした情報を集約するのか，そのためにどのような手続きでデータをクリーニングし，GIS上に格納するのかが重要な視点となる．

4.1.2 交通分野におけるデータ処理の特徴

　交通分野では交通量配分や，交通シミュレーションといった解析にGISは活用されている．こうした解析技術では，移動体をオブジェクトとして取り扱ったうえで，GISが格納している交通ネットワークデータを用いて何らかの計算ア

ルゴリズムを適用して，様々な交通施策を実施した場合の移動体の行動・移動の変化を計算する．GIS という視点で考えるなら，重要なのは解析アルゴリズムそのものよりも，アルゴリズムの中で取り扱われる情報のスケールであろう．

　道路交通量配分にはマクロ・ミクロのシミュレーションがある．マクロシミュレーションでは，交通流の状態は kinematic wave 理論に基づいて連続体として取り扱われ，あるリンク単位で計算・集計されることになるので，GIS では上流ノード位置，下流ノード位置，リンクのパフォーマンス関数が定義されている必要があるだろう．

　一方ミクロシミュレーションでは，マクロシミュレーションで定義されているリンクのパフォーマンス関数ではなく，1台1台の車両が意思決定主体となって周囲の車両の位置と速度に応じて自分の速度を更新していくことで，ネットワーク上の交通現象を再現していくことになる．こうした場合，GIS 側で重要なのは車両の位置座標の格納・更新方法である．マクロシミュレーションの場合は，リンクの接続条件に基づいて境界条件の引渡し計算が行われるのに対して，ミクロシミュレーションでは車両相互の位置データを多体計算処理する必要がある．膨大な車両位置データ（ある種の空間情報データ）を計算機のメモリの中でどのように処理し，これを GIS の中に格納していくのかについては工夫が必要となる．

　こうした交通の流動データは，生の観測データにしろ，シミュレーションモデルが排出したデータにしろ，GIS 上である種の「単位」に集約される．「単位」とは解析のための情報集約の要素であり，交通政策の担当者や研究者の分析の視点に依存して決定される．たとえば交通マスタープランを策定する場合，交通政策の担当者は町丁目で街の現状を把握したいならゾーンという単位でデータを集計したがるだろうし，交通解析を行うコンサルタントが確率的利用者均衡配分を使いたいならリンクで1日単位で集計された交通量とゾーン間 OD（Origin & Destination）表を必要とするだろう．分析者のニーズに応じて GIS では集計モジュールを用意しておく必要があるし，そのニーズは多様化してきているといえるだろう．

　また実際に交通分野でのデータ活用を考える際，重要な視点は集計の更新頻度である．GIS は狭義にはデータを格納しておく DB とデータを表示するための GUI から構成される．交通分野では，交通計画の立案のように（社会学や経済

学と同様に）即時性が要求されない場合と，交通情報配信のように即時性が要求されるシーンが同時に存在する．後者のような場合には，データ処理の速度が重要なためデータベースの構成やデータ処理アルゴリズムがきわめて重要となる．こうしたケースでは，データ処理の内容とその手続きに応じて，GIS の DB を最適化しておく必要が生じる．逆にいえば，データ処理の内容に応じて DB の最適化がなされていない GIS は使いものにならないということである．以上のような視点に立って，交通分野の GIS の実装を行う必要があるだろう．

4.2 交通分野におけるプローブ調査と GIS の活用法

ここでは，交通分野で注目されているプローブデータの処理手続きを例にとりながら，交通分野における GIS を考えてみたい．交通分野におけるプローブとは，人や車にセンサー（GPS や加速度，ジャイロなど）を取りつけて，移動体そのものと移動体周辺の状態を観測する技術のことを指している．交通計画における実務（あるいは研究）のデータフローは，観測→集計→解析というステップで行われることが多い．ここでいう「観測」とはおもに紙のアンケートによる行動記録の「観測」を指す．紙を用いた調査では被験者が行動記録を紙に書き込むため，正確な位置（緯度・経度）を記録することは困難である．観測のスケールは町丁目であったり，駅の名前であったりと人間の記憶の単位に限定されたものであり，そうした観測スケールで地図上の集計の単位が決定され GIS を用いて集計・格納されることになる．一方プローブデータでは，位置（緯度・経度）がある程度正確に計測できることになる．「ある程度」というのは，GPS や Bluetooth などの無線電波の電解強度など，利用するセンサに依存して位置精度が変化するためであるが，一定の精度で移動体のデータが収集可能になることは，（アンケートとは違い）通信システムを用いればリアルタイムな GIS への格納・利用が可能となることを意味している．このような技術は，一見すると現状の GIS に対して過大な性能要求を引き起こすことになるとも思える．膨大な位置データは必ずしもデータの品質が整ったものではないので，データクリーニングが必要であるし，クエリーに応じて情報圧縮・検索を行うためには前処理も必要となるだろう．プローブデータに必要となる GIS 技術を次に展望してみたい．

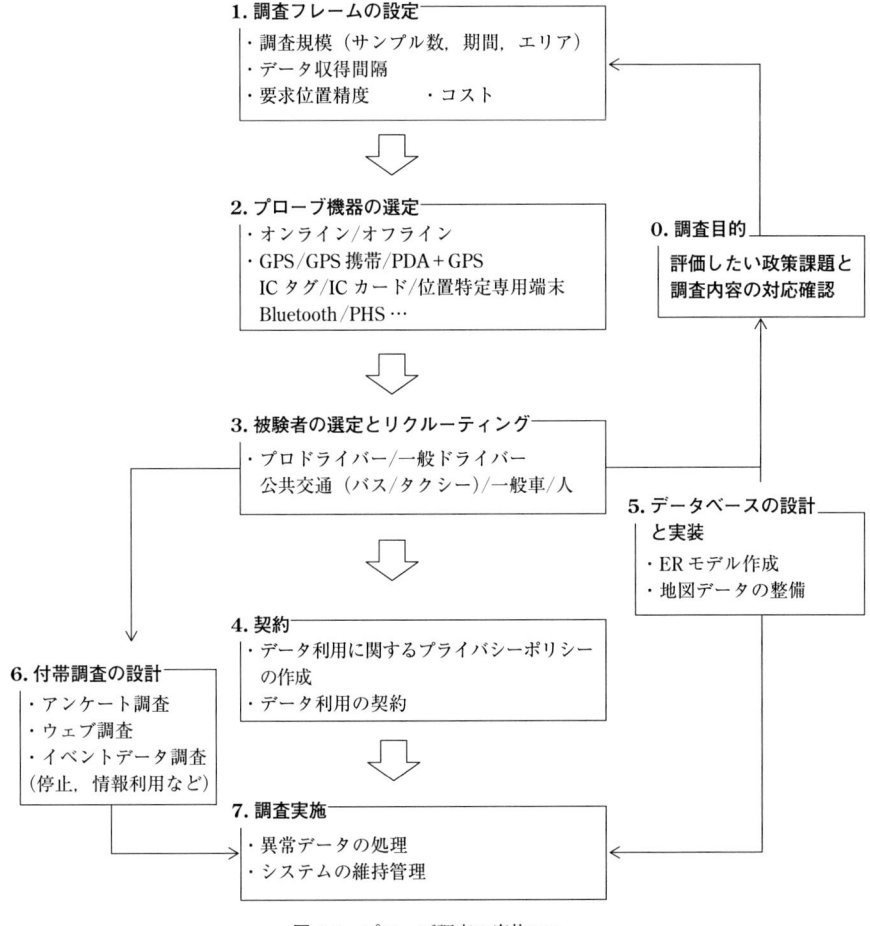

4.2.1 プローブ調査とは

プローブ調査の実施フローを図 4.1 に示す．調査実施までの基本的なフローにおいて最も重要なのは，調査目的にあった枠組みを設定することである．これは通常のアンケート調査やフローティング調査と変わることはない．

プローブ調査において特に注意すべきは，データの位置精度と取得間隔の設定である．調査の目的に応じたデータ取得はあらゆる調査の基本であるが，プローブ調査ではデータ取得の時間間隔と精度によって分析対象が捕捉不可能になった

1. 調査フレームの設定
・調査規模（サンプル数，期間，エリア）
・データ収得間隔
・要求位置精度　・コスト

2. プローブ機器の選定
・オンライン/オフライン
・GPS/GPS 携帯/PDA + GPS
　IC タグ/IC カード/位置特定専用端末
　Bluetooth/PHS …

3. 被験者の選定とリクルーティング
・プロドライバー/一般ドライバー
　公共交通（バス/タクシー）/一般車/人

4. 契約
・データ利用に関するプライバシーポリシーの作成
・データ利用の契約

5. データベースの設計と実装
・ER モデル作成
・地図データの整備

6. 付帯調査の設計
・アンケート調査
・ウェブ調査
・イベントデータ調査
　（停止，情報利用など）

7. 調査実施
・異常データの処理
・システムの維持管理

0. 調査目的
評価したい政策課題と調査内容の対応確認

図 4.1 プローブ調査の実施フロー

り，データが過剰に記録されてしまうおそれがある．高速道路の追従行動を記録するのに，取得間隔2分で位置精度±10 mのGPS携帯電話を選定したのでは精度が粗すぎるといえよう．

　GPS専用端末，GPS携帯，PDA＋GPS，ICタグ/ICカード，Bluetooth，PHSなどプローブ調査に利用可能な様々な調査機器が市販されている．利用可能なプローブ機器を精査したうえで調査目的に合致したプローブ調査機器の選定を行うことが重要である．

　プローブビークル調査では，機器の大きさやバッテリーの持ち時間などに制約が少ないため，安定的に調査データを得ることが可能である．ただし事前の調査目的をよく検討したうえで，燃費推定判定のためのショートトリップ判定フラグなど解析上必要なイベントデータを追加して取得することが，事後分析を効率的に行ううえで重要である．また，わが国や台湾，韓国などのベンチャー系企業では，マップマッチング機能やポータブル交通管制システム，情報配信システムのモジュール化といった技術開発もさかんであり，プローブビークル調査の実施について長期的な見通しを立てたうえで，必要に応じてこうした技術を取り入れていくことが求められる．

　プローブパーソン調査が実施され始めた当初，PHSの電界強度の減衰特性を利用した位置特定サービスを利用するケースが多かった[1]．最近ではGPS携帯の位置特定機能を利用した調査例が散見される[2]．携帯電話を基本にしたLBS（location based service：位置情報サービス）の充実と，位置特定機能の標準装備といった社会的要請によってGPS携帯電話の普及率が年々高くなっているためである．またICタグやICカードを用いた調査も公共交通や歩行者回遊調査には有効である[3]．GISをベースにしたアクティビティ調査[4]などをインターネットなどを活用して実施することで付加価値の高い調査データを得ることが可能である（図4.2）[2]．

　オンライン調査では，通信コストが膨大になるためデータ転送方法の選定に注意が必要である．調査フレーム設定時に調査目的をよく吟味すれば，必ずしもオンラインで位置データが必要でないケースも多い．オフライン端末を使ったり，調査機器内のメモリにデータをいったん蓄積してまとめて転送することで，バッテリーの持ち時間を長くし通信コストを下げることも可能である．調査実施時に何らかの工夫が必要であろう．

4.2 交通分野におけるプローブ調査とGISの活用法

図4.2 プローブパーソン調査とウェブダイアリーの併用

　被験者や調査車両の選定では，調査目的に合致したサンプル抽出が重要である．プローブ調査ではランダムサンプリングが困難である場合が多い．階層的なサンプル補正技術の確立が必要不可欠である．一般車両の平均旅行時間を解析したい場合に，バスやタクシーのデータをそのまま使ったのでは問題がある．ショートトリップ解析や一般普通車の走行データとの比較分析を行ったうえでデータ補正し，有効なデータとして利用しなければならない．

　多量のデータを効率的に取り扱う観点から調査実施前の最適なGISのデータベース設計が求められる．調査項目間の相互関係を示すER図（entity relation diagram：実際の処理項目，処理時間，最終処理内容などを整理した設計図）を事前に設計しておくことが重要である．分析処理過程の確認による調査項目の絞り込みはパーソントリップ調査のような大規模な交通調査でも行われてきている．一方，プローブ調査では，膨大なデータが短時間で自動取得可能なため，事前にデータベースを設計・実装しておくことがより重要となる．これによりプローブ調査の利点であるデータ処理時間の短縮を実現することができる．

　調査実施に先立ち，調査主体のプライバシーポリシーを被験者に開示しなければならない．従来のアンケート調査においても同様な手続きは重要であるが，プローブデータをオンラインで取り扱う場合，プライバシー情報の流出可能性は高

い，SSLなどの通信方法の採用や，個人情報と行動データを分けて取り扱うなどの利用目的の限定を文章化したプライバシーポリシーを作成することが必要である．作成したプライバシーポリシーを被験者に提示したうえで，データ提供の契約を結ぶ必要がある．

調査実施において重要な点を集約すれば，①調査の枠組みに対応した調査機器と調査方法（オンライン/オフライン，データ取得間隔）の選定，②付帯調査の実施によるデータの補完，③プライバシーポリシーに基づいた被験者との契約，④データ解析を考慮に入れたプローブデータベースの最適設計となる．政策課題に応じて適切なプローブ調査の枠組みを設定することが調査実施に先立って求められよう．

4.2.2 データベースとデータ処理
a. 分析のためのデータ整備

プローブ調査では移動体の軌跡データを精度よく効率的に収集することが可能である半面，膨大なデータの取扱いが難しい．このため，調査データをばらばらに取り扱うのではなく，関連性のあるデータを分類整理し使いやすい形で格納したデータベースシステムを構築しなければならない．

プローブ調査により収集される位置データは，分析単位となるリンクやトリップに再集計しなければならない．またプローブデータを可視化して渋滞損失やトリップ特性を把握する必要がある．このようなデータ処理を一貫して効率的に行うために，データベースシステムが必要となる．

データベースシステムの構築に先立って，交通計画に利用可能な地図データなどの基本データを整備することが必要である．おもな地図として，カーナビゲーション用地図，数値地図2500，デジタル道路地図（DRM）データなどがある．これらのデータでは道路データが位置座標によって管理されているが，座標系には世界測地系や日本測地系など複数の測位系が存在する．位置データを計測した際の座標系と地図データの座標系を統一して接続座標変換する必要がある．

交通データの中でも道路データに着目した場合，位置データに走行道路のフラグデータを精度よく付与するために，一方通行や右折禁止などの交通法規データも必要である．バスプローブのように走行路線が決まっている場合，路線や時刻表，停留所位置などのデータを整備することで精度の高い分析が可能になる．

b. データベース構造

プローブビークル調査やプローブパーソン調査によって収集されたデータはある構造を定義しなければデータベースに格納することができない．データ構造が重要になるのは，プローブ調査によって得られるデータが膨大なためである．プローブ調査を実施することは可能であるが，得られたデータを効率的に分析することは難しい．多くの場合，データ構造の定義が一貫しておらず，データの正規化や事前の解析処理に時間がかかる場合が多い．たとえばある車両の位置座標 (x,y) から最も近いリンクを求めたい場合，地図データ上のすべてのリンクまでの距離を計算することはきわめて非効率である．分析処理に対応したデータ構造や格納方法を考える必要がある．

分析者がプローブデータを検索することを考える．通常，プローブデータは (x,y,t) という時空間インデックスをもっている（図 4.3）．時空間インデックスを用いることで検索処理を高速化することができる．そのためには (x,y,t) で定義することのできるプローブデータの検索領域を「ノード」としてあらかじめ区切っておく必要がある．「ノード」分割において，道路セグメントの (x,y) 座標の最小問合わせ単位区間を重視し，道路線形なども考慮したうえで数百 m 単位で区切っておくことが望ましい．また蓄積されるデータ密度に関連して，時間軸方向にもセグメントを切ることが重要である．さらに「ノード」と「ノード」の間はツリー構造で定義しなければならない．オブジェクトに対する道路接続条件などの空間制約を考慮し，ツリー構造を記述すれば，効率的な検索・解析処理が可能になる[5]．

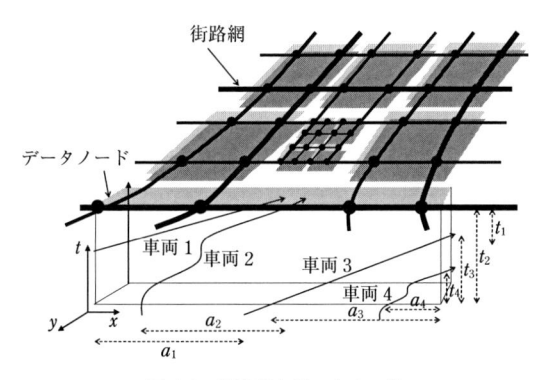

図 4.3 街路網とデータノード

また分析処理速度を一定にするためには，ある時間間隔，道路セグメントに含まれるデータ数が同一になるように「ノード」分割を行う必要がある．図4.3に示したケースでは，各データノードに含まれる交差点数が等しくなっている．たとえばこのデータノードの空間平均速度は，

$$v = \frac{1}{n}\sum_{k=1}^{n}\frac{a_k}{t_k}$$

である．データノードごとに集計量を格納しておくことで検索の高速化が可能になる．こうした事前のデータ加工を行うことで検索問合わせ品質（処理時間）を一定に保つことができる．地図データや位置データのデータ構造を適切に定義しデータベースに格納することで効率的な処理が初めて可能になる．

4.2.3 トリップデータへの変換

データベースシステムに格納されたプローブデータと地図データを用いて，位置データをトリップデータへ変換する必要がある．通常の交通計画にプローブデータを用いる場合，必要な変換処理として，①トリップ（発着）の識別，②交通手段の識別，③経路の識別が必要である．

1) トリップ識別

プローブ調査において，ドライバーや旅行者がトリップの出発・到着イベントを記録する付帯調査を実施しない場合，収集された位置座標データ (x_t, y_t) を使って移動中か滞在中かを識別する必要がある．トリップの発生と到着を識別することで，出発地と到着地を確定し，OD表を作成することができる（図4.4）．

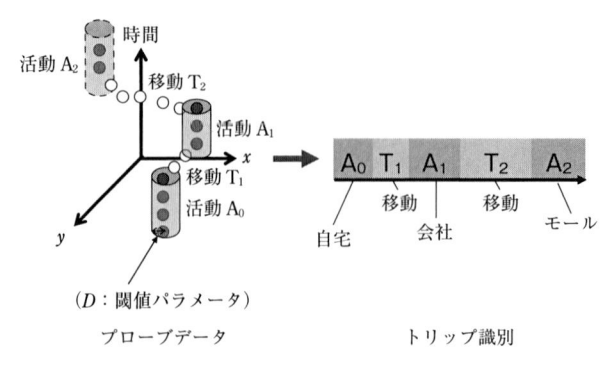

図4.4 トリップ識別

プローブデータにおける移動/滞在の識別方法の基本的な考え方は，時間的に連続する2つの観測点の距離を計算し，この距離に基づいて移動/滞在を判別するものである[1]．連続する観測点の位置座標を (x_t, y_t)，(x_{t+1}, y_{t+1}) と定義する．2点の間の距離 d は，

$$d = \sqrt{(x_{t+1}-x_t)^2 + (y_{t+1}-y_t)^2} \tag{4.1}$$

と表される．この距離 d が事前に与えた閾値 D より小さい場合，時刻 $t \sim t+1$ の間に移動はないと判定する．

識別は時刻の順に行う．時刻 t 点までの識別が終わっているとして，時刻 $t+1$ 点の識別を考える．時刻 t 点が滞在点であることは時刻 $t-1$ 点と時刻 t 点の距離 d によって決められる．閾値 D は調整パラメータであり，識別したい最小のトリップ距離と位置精度誤差をもとに決定する．付帯調査を実施し，位置データ (x_t, y_t) にイベントフラグを付与することで，より精度の高い出発時刻や到着時刻を得ることができる．

2) 交通機関の識別

公共交通機関，車，徒歩などの交通機関の識別を位置データ単独で行うことは難しい．このため，位置座標データ以外の情報を使って判定することが基本となる．PHSを用いた位置測定では基地局情報（たとえば，A線B駅ホームといったラベル情報）の入手が可能であり，こうした情報をもとに交通機関を識別することができる[1]．また加速度センサを搭載した専用の位置特定端末を用いることで，交通機関に固有の振動周波数特性を判定し，交通機関を識別することができる[6]．バスや鉄道のように時刻表や路線が明らかな場合は，こうしたデータを事前に整備し，走行モードの分析を行うことで機関と経路の識別を同時に行える可能性がある[7]．

都市街路上の歩行軌跡は複雑なパターンを示し，車や公共交通機関に比べトリップ長は短い．こうした特性をもつ歩行トリップの識別は容易でない．歩行トリップのスケールよりも，観測周期を短く，位置測定精度をよくしなければ，歩行トリップそのものが捕捉できないからである．

位置精度を向上させるためには，ICタグやBluetoothを用いることが望ましい．しかし一方で，こうした機器を使っただけでは，車→歩行→車，公共交通→歩行→公共交通といった，交通結節点を含む乗り換え行動や，都心回遊行動を一

体的に観測することが難しい．複数の調査機器やウェブダイアリーなどの調査ツールを用いることが求められる（図4.2）．

3) 経路識別

経路識別は，プローブデータの位置精度が悪かったり，取得間隔が長い場合に重要となる．こうしたケースでは対象とする移動オブジェクトが利用した交通ネットワーク上の経路が一目して識別できないためである．

基本となる経路識別方法は，観測されたプローブデータから最も近い距離をとるリンク上に，観測点を逐次吸着させていく方法である．こうした方法はカーナビゲーションシステムのマップマッチングアルゴリズムを用いた逐次処理と基本的に同じである．データ取得間隔が長かったり，位置精度が悪い場合では，間違ったリンクセグメントに吸着させてしまう可能性が高い．このため最終的に抽出された経路がトリップ全体でみると不連続になってしまうケースがある[8]．

そこで，トリップ中に観測することのできたすべての移動点情報を参考に，サブネットワークを抽出し，これを用いて経路識別する方法が提案されている[8,9]．抽出したサブネットワークのリンク情報を用いて経路探索を行い（図4.5），走行経路を確定する．サブネットワークの抽出には，移動点の位置座標からの距離を用いる．この際，プローブ機器の誤差精度の信頼区間を参考に，ある距離内にあるリンクをすべて，移動点が存在したかもしれないサブネットワークとして定義する．抽出されたサブネットワークにおいて出発地から到着地までの最短経路探索を行い，抽出された経路にすべての移動点を吸着させる．

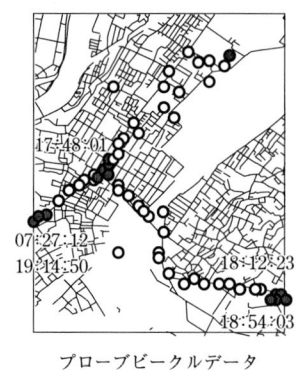

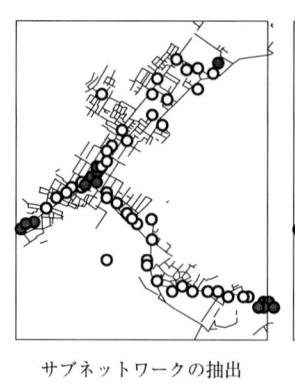

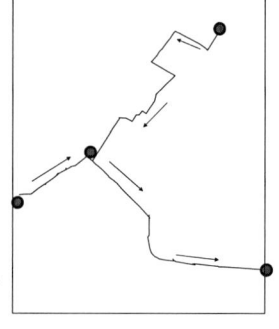

| プローブビークルデータ | サブネットワークの抽出 | 経路識別結果 |

図4.5 経路識別プロセス

経路識別については高速道路と一般道の識別など解決すべきアルゴリズム上の課題も多い．規制データや道路線形データを用いる方法，最短経路探索を行う際に，リンク距離を用いないで，移動点との距離をリンク尤度として用いる方法[8]，サブネットワークを抽出する際に次の観測点までの移動距離に制約条件をもたせて限定する方法[10]なども提案されている．

4.3 交通政策課題とのGISの関連性

　交通ネットワーク上で人や車の移動現象を測る方法は視点の違いによって2つに大別される．オイラー的に定点から観測する方法と，人や車に観測器をもたせて観測するラグランジュ的な方法である．路側の感知器を使った交通流計測や，人手による路側交通量の観測は前者にあたる．移動する被験者に直接1日の行動を尋ねる回想式のアンケート調査やGPS機器などを用いたプローブ調査は後者に位置づけられよう．

　従来のオイラー的な調査手法に対してプローブ的な観測手法が重要なのは経路データが必要となる場合である．4段階推定法における交通量配分手法において経路は中間変数として取り上げられており，経路変数が用いられることはなかった．こうしたモデルはオイラー的なデータに基づく諸量をベースにしているためである．しかし，現実にネットワーク上の意思決定は経路を単位に行われている．こうした経路に関する意思決定を取り扱ったミクロ交通シミュレーションでは，プローブ調査により経路情報を観測する必要がある．

　また，物流拠点の建設に伴う大型車の新たな輸送経路の出現やそれに伴う環境評価，経路単位での混雑税といった政策課題を取り扱うためには，オイラー的手法により観測した断面交通量だけではなく，車種別の経路情報を入手する必要性が高い．

　従来のパーソントリップ調査や道路交通センサス調査における調査枠組みの基本は，都市圏全体をある大きさをもつゾーンごとに分割して取り扱うことにある．調査方法も分析モデルもこの枠組みを基本としている．これに対して，都市再生プロジェクトや中心市街地活性化では，都市の狭域エリアにおける社会資本投資効果の評価分析が必要であり，より小さなゾーンや施設そのものを対象としたい場合が多い．こうしたケースでは，通常のアンケートを用いた調査を実施し

ても，買い物先の立ち回りまでは覚えていない，うろついた経路までは書ききれないといった問題が生じる．しかしプロジェクトで知りたいのは，まさにこの点である．ある中心市街地に集中的に社会資本を投資することで，都心の回遊パターンがどのように変化し，立ち寄り店舗数が何カ所増え，購買額がいくら増えるか，そしてそのことと地下道，歩道，駐車場整備とがどのように関連しているかを分析する必要がある．このようなケースでは，詳細な時空間分解能で人の行動が観測可能なプローブパーソン調査が有効である[11]．

またアンケート調査とプローブ調査では，得られるデータの精度が大きく異なる．アンケート調査で得られる出発時刻や到着時刻は被験者の回想に頼っており，思い込みによる回答誤差や，5〜15分単位でしか回答が得られないといった丸め誤差が存在する[1]．出発時刻選択モデルで取り扱う施策評価の時間スケールはこうした誤差と無関係ではない．測定誤差以上に細かなスケールで政策評価を行うことは本来難しい．プローブ調査により得られる正確な時間分解能のデータは，出発時刻モデルや時間帯別OD表およびこれらを用いた政策評価の精度を飛躍的に高める可能性をもつといえる．

政策実施効果の確認のためには，継続的に効果をモニタリングする必要がある．日々変動する交通状況下で潜在需要が顕在化するには時間を要するからであ

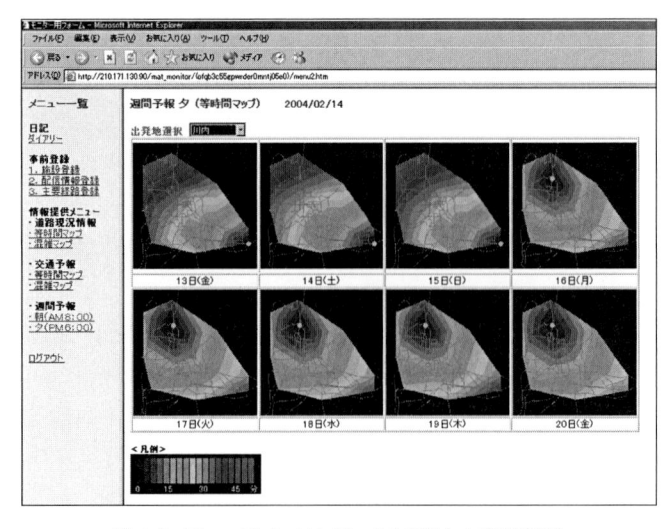

図 4.6 プローブパーソンデータを利用した交通予報[2]

る．アンケートや人手による交通調査は簡便である反面，継続的な調査は被験者への負担が大きい．プローブ調査では1カ月以上の長期にわたって安定した質の高いデータの獲得が可能となる[2]．

継続モニタリングを前提にしたデータベースが設計されていれば，こうしたデータを使って交通予測を行うことも可能である．図4.6は，松山都市圏渋滞対策懇談会で行っているGPS携帯電話による位置データと交通シミュレーションを利用した交通予報の配信例である[2]．プローブ調査を渋滞改善効果を評価するための交通調査としてのみとらえるのではなく，交通安全施策の評価[12]や，所要時間予報[13]などの様々な空間情報サービスのための基盤データベース構築の一部として位置づける必要性がある．

4.4 交通分野における GIS の今後の展望

本章で紹介したプローブ調査ではラグランジュ的な計測手法を中心としているが，画像処理に基づく歩行者流動調査[14]や，高度撮影画像による交通観測[15]についても多くの技術集積がみられる．またこうした多様な測位デバイスを組み合わせた統合GISプラットフォームの開発の動き[16]もあり，既存の技術動向に留意したうえで，適切な調査手法を組み合わせながら用いることで，効果的なプローブ調査の実施が可能になると考える．

現在，欧米や東南アジア諸国を中心に大規模なプローブシステムのプロジェクトが進められており，実装ではわが国をしのぐ規模のプローブビークル型の交通管制システムの導入もみられる．特に発展途上国ではVICSのようなインフラヘビーなシステムでないプローブシステムの投資効果が高いことが予想され，わが国よりもいち早く市場が立ち上がる可能性がある．交通データ収集とそれを用いた計画手法が確立しているわが国においては，データをGISとともに融合的に使いながらより高度な交通諸施策の評価を行うとともに，モデル地区を設けるなどして先進的な技術と新たな計画手法に対する取組みを継続していく必要がある．

1960年代末期のパーソントリップ調査や道路交通センサスの導入が都市交通計画を一変させたように，データの質と精度の向上は，交通現象の理解と評価方法論を大きく変える．小売分野では，POSシステムの導入によってデータマイ

ニング型のマーケティング手法が普及するなど，計画手法を一変させている．プローブシステムの普及によって，既存の交通需要モデルの評価・改良を行うだけではなく，オブジェクトベースなミクロ交通シミュレーション，アクティビティシミュレーションといった新たなモデル開発が期待できる[17]．

IT分野ではCPUの時代からストレージの時代に移ったという声がみられる[18]．ネットワーク化とユビキタス化によって機械的に生成される情報が山のように降ってくる時代は目前であるというものである．わが国で1998年頃から行われてきたプローブ調査もこうした技術の進展を背景としているといえよう．何を目的としてどのように調査計画を立て調査を実施するのかを事前に決めることが調査の基本であるが，一方で，自動的にストレージに記録されていく断片的なデータをいかにつなぎあわせ，有効に活用していくかも今後は重要になってくると思われる．GISに基づいたデータオリエンテッドな交通計画手法論の必要性が高い．

［羽藤英二］

引用文献

1) 羽藤英二・朝倉康夫 (2000)：時空間アクティビティデータ収集のための移動体通信システムの有効性に関する基礎的研究．交通工学，**35**(4)：19-28．
2) 川崎洋輔・上林正幸・内海泰輔・羽藤英二 (2004)：オンラインプローブパーソン調査による松山都市圏における交通予報の実証研究．平成16年度四国支部技術研究発表会講演集．
3) 森下康之ほか (2003)：歩行者ナビゲーション（HITナビ）システムの誘導成績評価．第23回交通工学研究会論文報告集，193-196．
4) 大森宣暁ほか (2003)：時空間制約下での交通行動理解のためのGISシステムの開発と授業への適用．GIS―理論と応用，**11**(1)：81-89．
5) 河野浩之・羽藤英二 (2003)：交通計画のためのOLAP指向空間情報モデルの提案．ICS，知能と複雑系，**30**：183-188．
6) 山中英夫ほか (2003)：プローブバイシクルの開発と自転車走行環境の評価．第23回交通工学研究会論文報告集，157-160．
7) 井料隆雅ほか (2003)：位置情報を用いた利用経路および交通機関の推定の手法に関する考察．第27回土木計画学研究発表会（春大会），CD-ROM．
8) 石丸栄治 (2001)：PHS位置データによるネットワーク上での経路旅行時間の特定方法．愛媛大学大学院修士論文．
9) 朝倉康夫・羽藤英二・大藤武彦・田名部淳 (2000)：PHSによる位置情報を用いた交通行動調査手法．土木学会論文集，**653**(IV-48)：95-104．
10) 三輪富生ほか (2003)：プローブカーデータを用いた経路特定手法と旅行時間推定に関する研究．第2回ITSシンポジウムProceedings，277-282．

引用文献

11) 羽藤英二・森三千浩 (2003)：移動体通信によるドットデータを用いた交通行動文脈の解析手法. 第23回交通工学研究会論文報告集, 133-136.
12) 端地淳平・山本俊之 (2003)：プローブカーデータに基づく交通安全施策効果の検証. 第23回交通工学研究会論文報告集, 149-152.
13) 羽藤英二ほか (2002)：移動体通信による位置データをベースとしたOLAP指向空間情報モデル. 第22回交通工学研究会論文報告集, 109-112.
14) 日比野直彦 (2003)：RFIDタグおよびビデオ映像を用いた歩行者流動データ取得方法の提案. プローブパーソンデータ研究会 in 松山, 配布資料.
15) 布施孝志ほか (2003)：車両動態の動画画像解析による実座標化の枠組みの構築. 第23回交通工学研究会論文報告集, 125-128.
16) 柴崎亮介 (2003)：ダイナミックな空間データとプローブパーソンデータの可能性. プローブパーソンデータ研究会 in 松山, 配布資料.
17) 羽藤英二 (2002)：ゾーンからドットへ ポストモダン交通工学. 交通工学, **37**(5)：6-13.
18) Enterprise Watch ホームページ. http://enterprise.watch.impress.co.jp/cda/topic/2003/11/11/509.html

5 GISによる市街地情報の管理

5.1 市街地情報とGIS

　本章では市街地に関する情報をGISによって整備し，維持管理・更新することを取り上げる．

　「市街地」という言葉は立場や視点，そのときの状況に応じて様々な意味で用いられている．最も狭いのは，駅の周辺や都心地域に限定し，CBD（central business district：中心商業・業務地域）のみを指す場合であろう．住宅地，工業地などをCBDに加えた範囲や都市計画で定める市街化区域，さらには都市計画区域や，基礎自治体のうちの特別区と市の領域を指す場合もある．

　ここでは市街地を市街化区域またはそれに相当する地域を指すことに用いる．わが国で人口の大半が居住し，様々な活動を行う領域である．その状況を記述する情報，特に地物の位置，形状を示す情報とその属性に関する情報のことを仮に「市街地情報」と呼ぼう．

　市街地情報の整備には具体的な目的に即した検討が重要である．これまでの地理情報・空間情報の整備は主たる目的に「汎用的に利用できること」を掲げることが多く，地物の位置・形状を取得することに力点があった．しかし「何にでも使えること」は「何に使うにも中途半端」になりがちである．実際に情報を利用する際には，それぞれの目的にあわせて情報を付加する必要が生ずるためである．

　市街地では人や物が集中し活発に活動するため，莫大な地物を扱わなければならない．「位置をもとに情報を重ね合わせて複数の情報を統合することができる」というGISの特性を最大限に活用しても，個々の地物を特定することは難しい．属性を追加する作業，異なる空間情報を統合して管理する作業には多大なマンパ

ワー，コストを要することが多い．

　市街地の状況を的確に把握することは容易ではない．対象が多いだけでなく複雑なためである．道路や河川，公園などの公的な性格をもつ空間と，商業・業務ビルや住宅，マンションなどの私的な性格をもつ空間が高密度で混在する．空間の利用形態や所有関係もまた複雑である．

　状況の変化にあわせた情報の更新はさらに困難である．日常的な通勤通学や買い物に加え，物資の輸送なども活発である．つねに人・物が移動し，変化している．中長期的には，誕生・死亡，転居などによる人口の変化や新築・増改築などによる建物の変化，公共事業などによる道路などの地物の変化がある．これらに追随することはきわめて難しい．

　本章では市街地の状況を把握する方法について論ずる．特に人・物の状況や活動を記述するうえで欠くことのできない建物について情報を整備することに注目する．そして平常時と災害時に，どのようにして情報を集約するかについて考える．まず次節において近年の市街地情報の変遷について概観する．5.3 節では情報の整備と管理に関するヒント，5.4 節では具体例，特に震災時の状況把握について述べる．

　なお，本章ではこれまで筆者が経験してきた内容や現在の関連分野の状況について可能な限り具体的に記述することを試みた．この分野における技術革新や状況の変化は著しい．当面その傾向は変わらず，激しい変化が続くものと予想される．また，具体的な目的に即した記述はわかりやすく，興味をもちやすいと考える．

　読者諸賢が新規に市街地情報を整備する場合，あるいは，既存のものを活用する場合には，いろいろと納得できない事項が出てくるはずである．筆者の経験上，その多くは歴史的な経緯や過去の事例の蓄積などに基づく．それらを理解することが対処の一助となると考えるものである．

5.2　市街地情報の近年の動向

　まず市街地情報の近年の状況を概観する．地理情報あるいは空間情報の歴史は他章で詳細に論じられているので，参照されたい．

　大きな流れとして，ICT (information and communication technology：情報

通信技術)の急速な発展の影響により市街地情報の整備は着実に進んでいる．また，インターネットなどの媒体を通じた情報共有も進みつつある．しかし，その利活用についてはいまだ手探りの状態といった方がよいであろう．以下，今世紀，すなわち2000年代に入ってから2007年頃までの主要なトピックを時系列に従って取り上げる．

1) 空間データ提供サイトの目覚しい発展

わが国でインターネット上に地図情報を提供するサイトの歴史は1997年までさかのぼることができる．マピオン（1997年1月開始），Mapfan.Web（1997年7月開始）などが実績をもっている．

その後，2004年3月に米国で著しいサービスの向上があった．Yahoo!とGoogleによる検索結果と地図情報の連携の提供である．次いでGoogleにより2005年2月にGoogle Mapsが表示された地図情報のドラッグによるパンニング機能の提供を開始した．この機能はユーザインターフェイスの著しい改善につながり，地図情報を提供するサイト利用の普及につながったと評価されている．

わが国でも追随して同様なサービス提供を行っている．パンニング機能は米国にわずかに遅れてInfoseekとgooが2005年4月から提供を開始した．また地図情報と連携した検索サービスなどについてはLivedoorは2005年8月，Yahoo!は2005年10月に提供を開始している．

これまでGoogleは一貫して先導的なサービスを提供している．上記以外にも，2005年5月に発表されたGoogle Earthは2006年1月に正式に英語版が公開され，同年9月に日本語版が提供されている．位置情報の検索のみならず，利用者が情報を登録できること，衛星写真が日本国内で最大25 cm/pixelの解像度をもつことなどで評価を得ており，利用が広がっている．また，ゼンリンデータコムと2005年7月から提携し，わが国でもGoogle Mapsとして情報を提供し始めた．さらに2006年9月から衛星写真との連携機能を強化した．

経過から明らかなようにGoogleの後を他が離れずに追随している．技術革新や新たなサービスの競争はきわめて激しいものとなっている．

2) 大規模災害における空間データ・GISの活用

大規模災害発生時にも空間データ・GISは活用されている．歴史的には1995年の阪神・淡路大震災の際に，すでに災害・被災情報を共有しようとする萌芽的な動きがあった．これはパソコン通信，インターネットなどを通じて安否情報や

避難所に関する情報の提供などが行われていたものである．近年では2004年12月のスマトラ島沖地震に伴う津波に関連するものなどが知られている．

様々な主体がいわゆるポータルサイトを自発的に開設するようになった．地震や被害に関する情報へのポインタを示すものである．2001年以降，わが国で建物に構造的な被害が発生するような大規模な地震としては，芸予地震（2001年3月），三陸南地震（2003年5月），宮城県北部連続地震（同年7月），新潟県中越地震（2004年10月），福岡県西方沖地震（2005年3月），能登半島地震（2007年3月），新潟県中越沖地震（同年7月）がある．これらの地震の多くにポータルサイトが設けられた．

それらの中で，2004年10月新潟県中越地震の際の「新潟県中越地震復旧・復興GISプロジェクト」は1つのターニングポイントとして記憶されるべきであろう．災害対応や復興活動を支援するための情報提供とともに，住民に身近な情報を提供することを目的に掲げ，地形図や航空写真を背景に災害・被災に関する情報を集約した．情報の整備を被災地外で行い，その情報の利活用を被災地に求めた点で従来と大きな違いをみせた．マスコミなどにも大きく取り上げられており，いわゆるWeb-GISを震災に適用した成功例である．

福岡県西方沖地震においても「福岡県西方沖地震復旧・復興GISプロジェクト」として同様の活動が実施された．今後，わが国において大震災時には類似の活動が実施されることが期待される．

3）GIS関連省庁連絡会議から測位・地理情報システム等推進会議への引継ぎ

地理情報システム（GIS）関連省庁連絡会議（以下，連絡会議）は1995年1月17日の阪神・淡路大震災を契機に設置された．その1年前の同月同日に米国のノースリッジ地震が発生した際にFEMA（Federal Emergency Management Agency：連邦危機管理庁）はGISを用いて1棟ごとに建物の被災状況を管理していた．しかし阪神・淡路大震災で同様な作業がきわめて困難だったという反省にたつものである．

連絡会議は2005年9月12日の関係省庁申し合わせにより廃止された．連絡会議によるアクションプランなどの取組みにより自治体などへの普及は着実に進み，一定の役割を果たしたと評価されている．

かわって測位・地理情報システム等推進会議（以下，推進会議）が設置された．測位・地理情報システムなどについて，関係行政機関相互の緊密な連携・協

力を確保し，総合的かつ効果的な推進をはかるものである．

連絡会議の決定事項は推進会議に引き継がれている．連絡会議が定めた「GISアクションプログラム 2002-2005」のフォローアップなどを含め，より広範な関連分野を含む総合的推進体制が整えられることになった．

4) 地球観測衛星「だいち」の運用開始

ニュース番組などでGoogleなどが提供する衛星写真を頻繁に目にするようになった．地図情報のみならず，衛星写真，航空写真などが空間データとしてわかりやすいということが認知されつつある．

これまで衛星写真は海外の企業が供給するものが圧倒的多数を占めていた．時間的なロスや割高な費用など，支障をきたすことがあった．

2006年1月に打ち上げられた「だいち」は国産の衛星であり，わが国および周辺について特に手厚い対応が期待できる．地球規模の高精度な環境観測が目標であり，例として地図作成，地域観測，災害状況の把握，資源探査などがあげられている．平時における情報提供のみならず，発災後の迅速な状況の把握に力を発揮するものとなろう．

5) 携帯電話による位置情報の提供

auは2001年7月に「EZナビゲーション」の提供を発表した．携帯電話業界として初めて，携帯電話単体による位置検索サービスを提供するものである．いわゆる歩行者ナビゲーションの先駆けといえる．

その後，総務省は事業用電気通信設備規則を2006年1月に改正，2007年4月より施行し，通称「日本版e911」が制度化された．対応する携帯電話から緊急通報すると，通報者の位置情報を警察・消防・海上保安本部に自動通知することを義務化したものである．

緊急通報による情報提供に対し，効率的な対応を可能にするため，携帯電話各社は2007年4月から緊急通報位置通知を導入し，順次，地域を拡大している．携帯電話がGPSを搭載する場合，位置は緯度・経度によって特定され，GPSが搭載されていない機種は近隣の収容基地局の位置が代用される．

6) 地理空間情報活用推進基本法

この法律は，地理空間情報の関連施策の基本理念などを定めて総合的かつ計画的に推進することを目的とする．特に基盤地図情報の整備・流通を進めることに力点がおかれており，国・地方公共団体の責務と事業者の努力が明記されている．

呼応する形で地理情報システム学会が 2007 年 1 月に「高度空間情報社会に向けた今後の地理空間情報政策への提言」を公表している．将来的には基本的な地図情報は社会的な情報インフラとして無償ないしはきわめて低廉になる可能性が高い．

　本章の冒頭でも触れたように市街地情報の整備は進んでおり，素地は整いつつある．実際，カーナビゲーションシステムの普及は目を見張るばかりである．他の分野においても，何らかのきっかけにより，爆発的に利活用が進む可能性はきわめて高い．

5.3　市街地情報の整備と管理

　これまで紹介した内容を踏まえ実際にはどうすればよいのか，ここでは自治体が主体となって市街地情報を整備する場合の 1 つの考え方を示す．他の主体，民間企業や住民がみずから用いる情報を整備する場合にも基本的には適用が可能であろう．しかし前節で概観したとおり，市街地情報を取り巻く状況は大きく変わりつつある．残念ながら十分に成熟したものではないことをお断りしておく．

5.3.1　自治体の位置づけ

　これまでに筆者らが実施した自治体の実態調査から，
- GIS が普及しつつあるが，まだまだ高いとはいえない水準にとどまっていること
- 政令指定市など，規模の大きな自治体への普及は進んでいるが，人口規模が中・小規模の自治体への普及が遅れていること
- 単純作業や定型的な業務への利用が進んでいること
- データの整備・更新，あるいは，計画策定支援など，比較的高度な情報処理が求められている業務への活用に課題が残されていること

などが明らかとなっている．
　また，おのおのの業務に特化した専用のソフトウェアを開発しなくとも，市販されている汎用的な GIS 用のソフトウェアが十分な機能をもつようになっている．

　自治体のデータは，その業務の中で整備・維持管理・更新が行われており，つ

ねに最も現況に近いものであることが期待できる．わが国の市街地の状況を把握するうえで，きわめて重要な役割を果たしうるものである．

5.3.2 整備，維持・管理に対する制約

まず，自治体の市街地情報を整備，維持・管理するにあたり，考慮に入れる条件について簡単にまとめてみよう．ここでは予算，整備内容，データの利活用のそれぞれにかかる制約を取り上げる．

予算面では，必要な品質を確保しながら財政的，人的なコストとバランスをとらねばならない．昨今の社会・経済状況のもとでは，「可能な限り抑制する」という基本方針が変わることは当面ないと思われる．重複した投資を避けるという観点から，類似するとみなされるデータ項目を共用するのが主流である．

整備内容については，データの要件として法律などで規定されている場合がある．たとえば都市計画における計画図の要件は，「自分の土地が図上に表示される区域に含まれているかどうか，地権者が容易に判断できること」である．計画図が整備される際，縮尺精度が一定の値をクリアしているかどうかではなく，この条件が満たされているかどうかを判断する必要がある．都市的土地利用が高密に進んでいる地域とそれ以外ではおのずから異なった検討がなされるべきであろう．

データの利活用には，元データに関するもの，整備されたデータに関するもの，の二面がある．いずれについても，法律などにより明示的に規定されているものと，運用上の慣習など暗黙の了解事項となっているものがある．

これまで，これらの制約条件について中身まで具体的に踏み込んで検討を行った事例はあまり知られていない．それぞれのニーズに従って行われた検討内容を広く共有するための組織的・社会的仕組みがないことが大きなネックとなっている．具体的な方法論を含め，今後の検討に期待したい．

5.3.3 整備の考え方

近年，地物の種類ごとに整備を行うというアプローチが積極的に取り入れられるようになってきた．地理空間情報活用推進基本法にうたわれている基盤地図情報は，広く共通に利用される可能性が高い地形・地物について整備を進めようとする試みである．

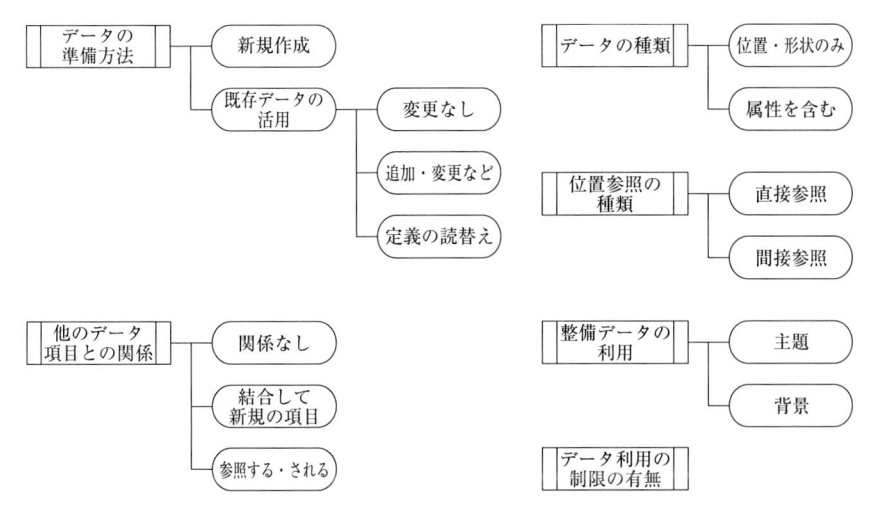

図5.1 データ項目を整理するための視点・分類の例

同様のアプローチは，紙の地図を作成するうえでも地物ごとに作業して版を分けるなどの形で行われている．しかし，GISの活用により，他のデータから必要とする地物項目のデータを取得し，組み合わせて利用することなどが容易になった．

市街地情報を整備するにあたり必要となる地物の項目は，いくつかの視点から分類することができる．主要なものを図5.1に示す．紙幅の都合により詳細については言及しない．しかし，たとえば，データの精度に対する影響は，もととなるデータの精度だけでなく，その後の加工や定義の読替えによる劣化の影響を無視することができない．系統だった整理により目的を十分に達成するように考慮する必要がある．

5.3.4 留意すべき点

市街地に関する情報を整備する際，情報整備に問題となる事柄は少なくない．よく発生する問題について，建物を例に取り上げ，具体的にみてみよう．

a．情報の定義

取り扱う目的によりデータの定義などが異なるため，データ処理の整合性，一貫性の担保などが難しい．

たとえば，建物用途の種類分けが建築・都市計画分野と固定資産分野で異なる

ことはよく知られている．最も基本的な事項である棟数の数え方ですら整合性がない．具体例として東京都区部の2001年度の棟数についてみてみよう．

　固定資産税業務に基づき，木造家屋と非木造家屋の総数の合計をとると約287万棟である．デジタルマッピングデータに基づく建物数は約166万棟である．

　一般には，固定資産税業務では課税の対象とならない建物の棟数が入っておらず，実際の棟数より小さい数字が示されている，と考えられている．しかし，この事例はその常識を裏切っている．

　不幸にして大規模な災害が発生したときを考えてみよう．前者は自治体などによる公式な被害棟数などのもとになるデータである．後者は現地で状況を直接みるときの棟数を反映する．両者の違いがこれほど大きい場合，社会的に与える影響は決して小さいものではない．

　知識工学，オントロジー工学的な見地による概念の整理，既存データの分類など，基本的な部分から積み上げる必要がある．

b．データ量

　ICTに関するキーワードとして「情報爆発」「情報洪水」「情報大航海時代」など，情報量が莫大になってきていることを指摘するものが多い．しかし情報が増えたのではなく，従来からあったにもかかわらず取り上げられなかった情報を明示的に取り扱うことができるようになったのである．特に通信技術の発達は情報の共有・複製を促している．結果として同じ情報が加速度的に増殖することも多い．

　大量の情報から取捨選択し，適切な判断を下すことは難しい．俗に「Wohlstetterの罠」と呼ばれる状況である．

　データの整備，維持・管理，更新のすべての場面で人的側面，費用面などでの負担をできるだけ抑える必要がある．しかし後で述べるデータの多様性の問題などがあり，慎重な対応が求められる．

c．データの鮮度と保管

　一般にデータは整備された時点から陳腐化を始める．もととなるデータが作成された時点からの時間の経過に応じて，現況から乖離したものとなっている．したがって，新規にデータを整備した後，日常的な業務に基づき，随時更新していくことが望ましい．また定期的に全域を精査し，見落としがないかチェックすることも必要である．

しかし，必ずしも最新のデータだけを管理していればよいわけではない．過去にさかのぼって状況を調べる場合がある．たとえば，建物に対する規制は建築時点のものが適用され，竣工後に規制が変更されても遡及して適用されることはない．当時の状況を確認することが必要となる．

データの保管も問題となる．データ量の問題はここでも大きな影響を及ぼしている．またデータの形式も問題である．技術の進展により，データを保管するメディア，記録方法などが比較的短期間のうちに変わってしまうことがある．

紙などの記録に基づき，平城京，平安京をVR（virtual reality：仮想現実）技術により復元してみせることは多い．しかし，このままでは情報が散逸し，読み取ることができなくなるおそれが強い．1000年後に現在の都市の状況を伝えることはきわめて難しい．

d．多様性への対応

市街地に関する情報はその情報を提供する立場により変容する．同じ状況に対しても，人によって，また見方によってもまったく異なった内容となることがある．判断の基準が必ずしも一定ではないためである．

たとえば，大規模な商業施設は，隣接する土地に住む人にとっては「騒がしい」「住環境を悪化させる」などの悪い評価であるかもしれない．しかし，他の人にとっては「便利である」「賑わいがある」というよい評価である可能性がある．情報提供者がもつ視点を十分に考慮する必要がある．

情報の質，雑音について考慮に入れるようにという指摘はこれまでになされてきた．しかし，多様性，多面性により，情報提供者たちがそれぞれ自分たちにとって完全に正しい情報を提供しているにもかかわらず，一見して矛盾する結果をきたす場合があることに対する検討は不十分である．

まちづくりや都市計画では合意形成を阻害する要因の1つとして認識されている事項である．しかし，市街地に関する情報という観点からは，関わる主体が多く，きめ細かい対応を十分に行うことが難しい．

e．質の評価

前述のとおり，データの整備においてコストを削減することは重要な検討項目の1つである．しかし整備の目的に必要な品質を確保するのは至上命題といえる．

現在，市街地情報は作業工程を定めることにより質が担保されている．具体的

な手順が定められているので，技術的な面で最低水準は保たれているとみてよい．しかし技術革新の恩恵を受けることは難しく，また，成果物が必要な水準をクリアしているかどうかを確認するという発想に乏しい．特に，元データが異なる地物を重ね合わせ，一体の市街地情報として活用する場合，どのように評価すればよいのかなど新しい状況に迅速に対応するのは困難である．

成果物の品質を評価する，あるいは，納品時に仕様を満たしているかどうかを検品するという方法を確立することが必要となる．

f. 制度上の留意点

GISに関連しては，政府による地理情報の提供などに関する制度面からの留意事項などが示されている．特に地方公共団体については，「地方公共団体が保有する地理情報の提供は基本的にその団体の判断に委ねられる」と明記されている．

したがって，それぞれの主体のおかれた状況などに応じて修正することを前提に，一般的な留意事項を以下にまとめる．

1) 著作権

一般に，地図に関しては図郭の内側が著作物として保護の対象となる．ただし，凡例などは対象外である．電子化された地図データについても，これに準拠した考え方が適用されるものと考えられる．

既存のデータを活用する場合，基本的に著作権は素材の選択や体系上の構成の特徴などに対して認められる．したがって，あらかじめ作業の詳細が定められた業務の成果などについては著作権に関連する処理が不要である場合もあると考えられる．しかし，個別の状況に応じて判断すべきであり，リスク回避のためには関連する主体とあらかじめ協議しておくことが必要である．

2) 個人情報保護および情報セキュリティ

個人情報の保護は上述の資料においても多くの項目が費やされ，重視されている．この分野における地方公共団体の取組み状況をみてみると，現在，個人情報保護条例は都道府県・市区町村ともに100％，情報セキュリティポリシーは全都道府県と96.2％の市区町村で制定している．市街地情報に固有な点はあまりないため，すでに定められたポリシーに基づくことが基本となる．

g. まとめ

ここでは市街地情報に関する留意点を具体的に列挙した．注意喚起する事項が

多いため，意欲をそぐ内容であることは否めない．しかし，おそれずに必要な検討を行い，実行していくことが重要であろう．

5.4 研究プロジェクトの紹介

最後に具体的な事例として筆者が関わった研究プロジェクトの成果を2つ紹介する．

5.4.1 自治体におけるデータ整備について

小規模な自治体には，「導入，維持・管理，更新の各過程で必要となるコストを最小限に抑えること」が特に強く求められる．その場合，データに関するコストについては以下のような点に留意する必要がある．

単一の業務でGIS導入をはかるのはきわめて難しいため，全庁型のアプローチが必要である．更新に関するコストを抑えるため，日常的業務に情報更新を組み込む．各課で共有できる情報と個別の業務に特化した情報を区別する．

これらの点を踏まえDM（俗にdigital mappingによって整備されたデータを指す）の項目のうちの一部を割愛したデータを実験的に整備した（図5.2）．また，航空写真から作成したデジタルオルソフォトを背景として用いることを試みた（図5.3）．

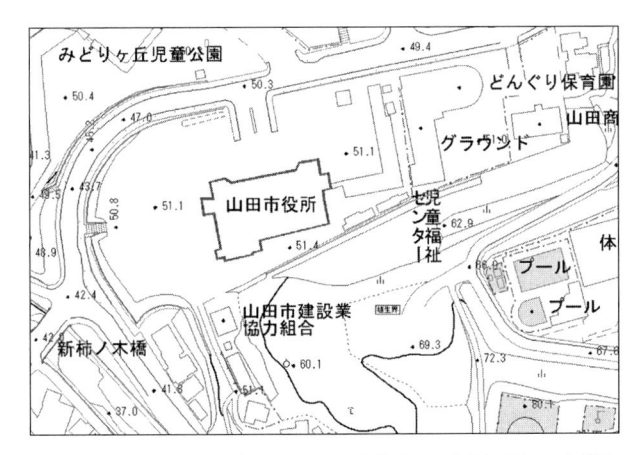

図5.2 福岡県旧山田市役所（現 嘉麻市役所山田方舎）近辺の地形図

図5.3 福岡県旧山田市役所周辺（現 嘉麻市）のデジタルオルソフォト

これらのデータが自治体の業務にどの程度の影響を及ぼすか，実地に検証を行った．そして，特に大きな支障はないが，見慣れないために違和感を感じるという結果を得ている．

5.4.2　大規模災害発生時の市街地情報の取得

市街地において大規模な災害が発生して都市計画などによる手当てが必要となったときには，状況を正確に把握して適切な計画を立て，必要な手続きを経たうえで施行しなければならない．しかしながら，被災者の日常的な生活の復旧を妨げないよう，可能な限り短期間で，しかも合意を得るための合理性を担保することが求められる．

市街地の状況の把握はいちばん最初の入り口となる段階である．計画の立案・検討，および，合意形成から策定，施行に至る各段階で最低限必要な時間を確保するためにも，よりいっそうの高い効率性が要求される．通常の市街地情報に加えて，災害とその被害に関する情報を収集・整備し，管理・活用する必要がある．

応急危険度判定は，大地震により被災した建物を調査し，余震などによる倒壊の危険性などを判定することにより，人命に関わる二次的災害を防止することを目的に実施される．判定結果は建物のみえやすい場所に貼ることによって示され，居住者のみならず，付近を通行する歩行者などに対しても提供される．

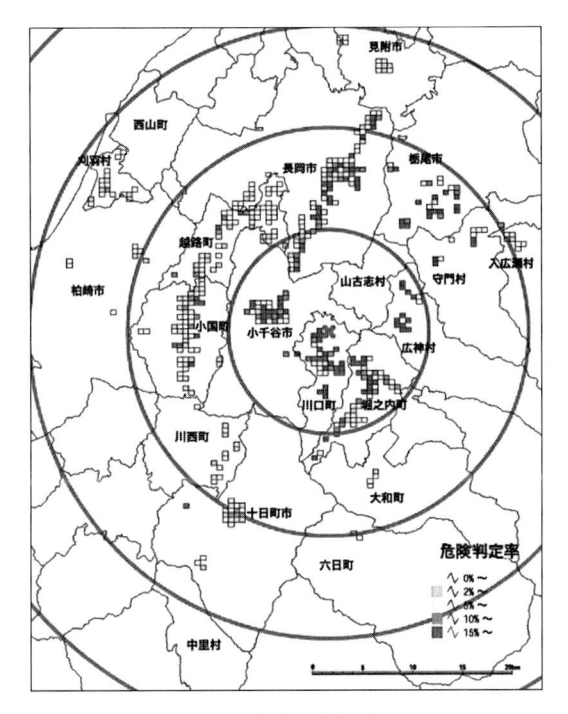

図 5.4　危険判定率分布

　これらの判定は登録された建築の専門家によって実施される．被災建築物に対する不安を抱いている被災者の精神的な安定にもつながるといわれている．
　2004 年新潟県中越地震後に実施された応急危険度判定の結果，「危険」とされた建物の割合の地理的分布を図 5.4 に示す．
　筆者は 1995 年兵庫県南部地震の際にも同様な作業を経験している．ソフトウェア技術が向上し大量のデータを容易に扱うことができたこと，地形データの整備が進んだことなど，明らかに向上した面があったものの，いちばん苦労した部分については本質的に同じ作業をしていることを痛感した．すなわち紙に記載されている情報を GIS 上に入力する，という作業である．
　細かいノウハウ面での進展はみられる．しかし苦労している部分，あるいは人的側面，費用面で負担が大きい部分での改善が早急に求められている．

5.5　今後の課題と展望

本章では市街地情報の整備と活用に関する研究成果の一部を紹介した．

この分野にはまだまだ多くの課題が残されている．現段階では市街地情報の整備までで力つきる事例も多く，その活用に向けた研究・技術開発が必要である．これまでは個別の状況に応じた検討が精一杯であったといわざるを得ない．関連する異分野の成果，たとえば知識工学，ナレッジマネジメントなどの手法を積極的に取り入れ，さらなる成果を生み出すよう努力することが求められている．

読者諸賢のアイディアや経験が共有され，わが国の地理情報科学の進展に大きく寄与することに期待して筆を置くこととしたい．　　　　　　　　　［寺木彰浩］

6 土地利用と GIS

6.1 本章の視点と目的

わが国の国土は森林面積が約66%を占めており，人間の居住に適した平野部がたいへん狭く，宅地面積は約5%と非常に少ない[*1]．そのため古来から集約的な土地利用を行うことが重要視されており，適正な土地利用のあり方が行政だけではなく様々な分野において重要な課題とされてきた．また全国の都市地域およびその周辺地域では，市街地の無秩序な拡大と中心市街地の活性化という2つの問題が特に早急に解決すべき問題となっており，近年のまちづくり3法[*2]の改正，コンパクトシティ[*3]やコンパクトなまちづくりの実施，郊外地域への市街地の拡散防止などのような具体的な形態で，土地利用を基盤としたまちづくりの見直しが推進されつつある．さらには人口減少化時代，高齢化社会時代の到来に対応して，人間の諸活動による環境負荷の大きい地域や自然災害の生じやすい地域では，市街地のさらなる開発を抑制しよう，市街化される以前のもともとの土地利用を復元しようという意見も強く主張されるようになった．

このように適正な土地利用を行うことは，わが国のような居住可能地域が非常に少ない国では，最重要課題の1つとして位置づけられており，これまで多くの

[*1] 平成20年度土地白書（国土交通省）より算出．
[*2] 大規模小売店舗立地法（2000年6月施行），改正都市計画法（1998年11月施行），中心市街地活性化法（1998年7月施行）のまちづくりに関連した3つの法律のことを指し，都市計画法と中心市街地活性化法の2法が2006年に改正された．
[*3] 徒歩で移動できる範囲を生活圏としてとらえることで，健康的で住みやすいまちづくりを目指そうとする考え方である．1974年に米国のダンツイクとサーティが著書 "Compact City" (W. H. Freeman) で米国における郊外の無計画・無秩序な開発への警鐘として提唱した概念である．そして，1990年以降は，特にEU諸国において「持続可能な都市開発戦略」として見直されている．

研究分野において様々な研究が行われてきた．しかし GIS を利用していなかった従来の土地利用研究においては，次節で詳述するように，技術的な側面だけではなく，対象地域の空間スケールが狭い範囲に限定されることや，様々なデータ項目間の演算が非常に困難であることなど，いくつかの困難点があった．

そこで本章は，関連分野の研究動向を踏まえて，土地利用研究における GIS の利用の意義を示したうえで，琵琶湖地域とわが国の三大都市圏という 2 つの土地利用研究の事例を紹介し，GIS を利用した土地利用研究における課題と展望について述べることを目的とする．なお本章で利用する GIS のアプリケーションソフトウェアは，おもに ESRI 社製の ARC/INFO，ArcView，ArcGIS である．

6.2 土地利用研究における GIS 利用の意義

6.2.1 社会における GIS の役割と有用性

現代社会では，様々な情報システムが続々と開発され，われわれの日常生活は情報システムの進展により大きな変化が生じている．特に情報システムのうちでも，GIS は研究面だけではなく，行政や企業が提供するサービス，市民による社会活動など，様々な場面で利用されるようになった．そして GIS を利用することにより，一方的に情報提供を行うだけではなく，電子地図を利用した双方向性の情報交流や多様な主体間の情報共有を行うことができる．このような GIS の利用特性を考慮すると，GIS には大きく，データベース作成ツール，情報解析ツール，情報提供・共有化ツール，意思決定支援ツールとしての 4 つの機能があり，社会と密接な関わり合いをもち，人と社会をつなぐことができる情報システムであるといえる．

このように GIS の利用可能性が大きい背景には，他の情報システムと著しく異なっている点としてもとらえることができるが，電子地図形態で様々な種類の情報データベースを構築して情報の解析を行うことができる，また電子地図上に多様な情報を提示して情報提供・共有化を行うことができるという GIS の最大の特徴がある．また Web-GIS のように，インターネットなどの ICT と結びついて広く社会に情報提供を行い，多様な主体間で情報共有化を進めることにより，公共選択の議論の場における意思決定支援を行うことができるようになっ

た．したがって，GISをはじめとする多様な情報システムが社会において積極的に利活用されることにより，地域づくり，環境づくりを行うための市民参加を促進することができる．以上のことを踏まえて，本章で紹介する2つの土地利用研究の事例では，前述の4つの機能のうち，情報解析ツールとしてのGISの利用に特に着目する．

6.2.2 土地利用研究における利用の意義

これまでの土地利用研究のうち，GISを利用していない研究事例は，分析可能な地域の範囲が地区単位や市区町村単位の狭い地域のみに限定されていたものが多い．そしてGISを利用しない場合，多様な種類のデータをもとに研究の目的に適応した新たな電子地図データを作成して各データ項目間の関連性を解析することや，複数の電子地図間での演算を行うことが非常に困難であった．そのため，都市レベル以上の地域を対象とした地区レベル単位での土地利用の分析は行われていなかった．そして近年では，空間解析ツールとして有効なGISを利用して，おもに大都市圏中心部を研究対象地域とし，土地利用・空間利用の解析を行った研究事例がみられるようになった．しかしこれらの先行研究は，土地利用計画の空間スケールに対応して解析結果を提示したものではなかったために，研究成果を計画に十分に反映させることができなかった．

さらに近年では，東京都，兵庫県，愛知県など大都市圏内の地方自治体を中心として，調査報告書やインターネットのホームページ上で，都道府県単位または各都市計画区域単位の大きな空間スケールで，土地利用現況や土地利用計画に関する情報提供のみが行われるようになった．また都道府県レベル，市町村レベルで統合型GISが構築され，インターネットを利用して一般への土地利用をはじめとする様々な種類のGISデータの発信が行われるようになった．特に大阪府高槻市[1]や豊中市[2]では，Web-GISにより土地利用や都市計画，まちづくりなどに関する情報が提供されている．しかしこれらの地方自治体における事例でも，GISを利用した詳細な土地利用計画の検討はこれまでにほとんど行われていない．

本章では，特に次節においてGISの空間解析機能などを利用し，広域レベルの地域全域で地区レベル単位での解析・評価を行い，地区レベルから徐々に大きな空間スケールでその結果を集計していく．そのため地図上では，大小様々な空

間スケールごとに解析・評価結果が把握可能な形態で提示したり，問題地域の詳細な位置情報と規模・分布状況を対象地域全域で総合的に把握したりすることができる．また図表では，土地利用計画の空間スケールに対応して解析・評価結果を提示することができる．以上の点を踏まえ，本章では，土地利用計画に関する政策判断へ従来よりも有効な情報提供が可能になる点において，土地利用研究におけるGIS利用の意義を示す．

6.3 琵琶湖地域における研究事例

6.3.1 研究の視点と目的

滋賀県の琵琶湖集水域では，琵琶湖総合開発計画（1972～1997年），近畿圏整備法（1963年）を契機として始まった都市化やそれに伴う住宅開発に加え，リゾート法（1987年）に基づくおもに湖岸域を対象としたリゾートネックレス構想により，琵琶湖集水域の土地利用は大きく変化した．琵琶湖集水域の土地利用変化の最大の特徴は，南湖岸域（特に東岸域）で過去30年間に市街地が大きく拡大したことと，琵琶湖集水域南部の森林地域でゴルフ場が著しく増加していた

図6.1 マザーレイク21計画の7流域単位
行政界は2000年時点のものを表示．

ことである．このような状況下において，2000年からはマザーレイク21計画（琵琶湖総合保全整備計画）が実施され，琵琶湖が抱える多元的な課題に対して，適正な土地利用を基本として，水質保全，水源涵養および自然的環境・景観保全のための各種施策を長期的な視野のもとに総合的，計画的に推進するようになった．

本節では，山本（2004，2006 a）[3,4]にまとめられた同地域における土地利用研究の成果をもとに，以上で述べた経緯を踏まえ，琵琶湖集水域を対象として土地利用解析を行う．そして解析結果をもとに，マザーレイク21計画に対してどのように情報提供を行うことができるのかを示す．そのためにまず，図6.1に示したマザーレイク21計画の7流域単位で，琵琶湖集水域の土地利用の特性について紹介する．なお本節で利用したGISデータは，すべてマザーレイク21計画において全県レベルでいっせいに整備された滋賀県GISデータであり，このデータを本節の研究で利用可能な形態に加工した．

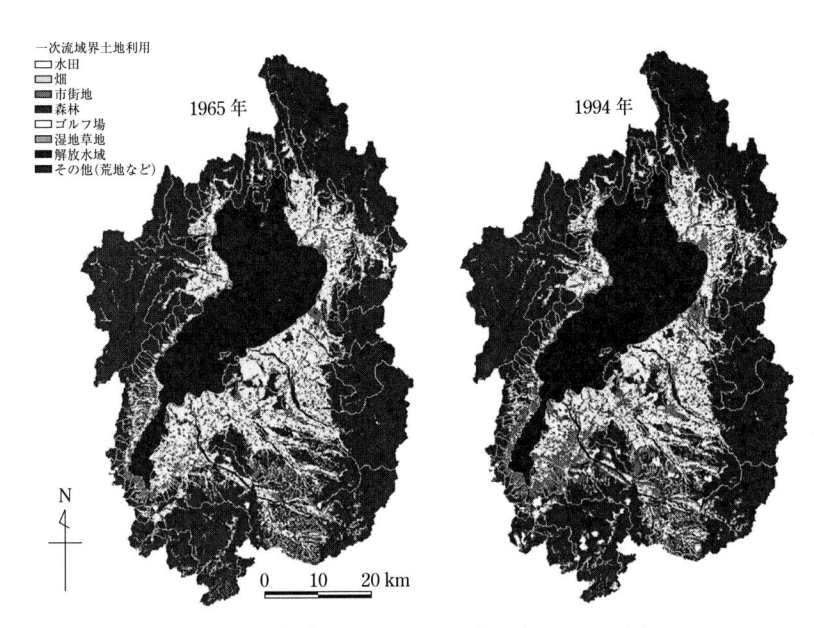

図 6.2 琵琶湖集水域における土地利用（1965, 1994年）

6.3.2　土地利用からみた河川流域の特性

図 6.2 は琵琶湖集水域の 1965 年と 1994 年の土地利用を示したものであるが，図から琵琶湖集水域の土地利用には地域的な差異がとても大きいことがわかる．そこで琵琶集水域における面積割合が多い市街地，水田，森林を変数とし，クラスター分析を用いて，土地利用の特性ごとに各河川流域のグループ化を行った．この分析においては個体間の距離としてユークリッド距離を用い，クラスター間の距離としてはウォード法を適用した．

クラスター分析の結果，琵琶湖集水域の 134 河川流域は次の 8 つのグループに分類することができた．

1. 森林卓越型：11 河川流域
2. 森林・水田混在型：38 河川流域
3. 市街地・水田・森林混在型 a（市街地，水田，森林の面積割合がほぼ同程度）：10 河川流域
4. 市街地・水田・森林混在型 b（森林の面積割合が圧倒的に多い）：14 河川流域
5. 市街地・水田・森林混在型 c（森林の面積割合が最多であるが 30%程度）：3 河川流域
6. 水田卓越型：24 河川流域
7. 水田・市街地混在型：11 河川流域
8. 市街地卓越型：23 河川流域

6.3.3　7 流域単位でみた土地利用変化

図 6.3 は，マザーレイク 21 計画の 7 流域単位で，都市計画区域内外における各種土地利用の面積割合を整理したものである．本節では山本（2004, 2006 a）[3,4] と同様に，1965 年時点に存在した市街地を旧市街地，1965～1994 年の間に新しく形成された市街地を新市街地と呼ぶことにする．図 6.3 より，都市計画区域内では，南部の平野部に位置する甲賀・草津流域で市街地の面積割合が 20% 以上であり，おもに湖岸域に集中し，なかでも過去 30 年間に形成された新市街地が半分以上を占めていることがわかる．また大津市を含む志賀・大津流域と信楽・大津流域は森林が 60%以上を占め，これら以外の 5 流域では農地が 30%以上を占めている．京阪神大都市圏の中心部へのアクセス条件がよくない高島流域

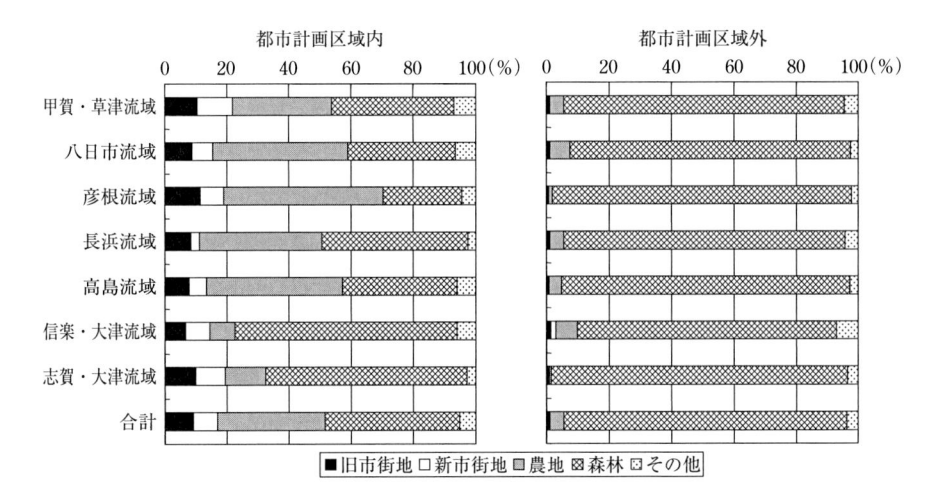

図6.3 7流域単位での土地利用の面積割合

では，市街地は湖岸域を中心に形成されているが，長浜流域に次いで少ないことがわかる．

なお都市計画区域外では，全流域で森林が90%以上を占めており，市街地の面積割合は総面積のうち約1%のみであった．そのため全流域において，市街化に伴う土地利用問題がこれまでのところ生じていないといえる．

6.3.4 GISによる研究成果の意義と今後の研究課題

本節では，GISを利用することにより，滋賀県の琵琶湖集水域を対象として土地利用解析を行い，マザーレイク21計画に対して解析結果によりどのように情報提供を行うことができるのかを示した．本節では，マザーレイク21計画の計画区域に対応した形態で解析結果を示し，問題地域の分布を琵琶湖集水域全域で総合的に把握することが可能になった．また，先に紹介したように統計解析ツールなど他の情報解析ツールと併用することにより，土地利用に影響を与える地域的要因について詳細に分析することができるようになるため，土地利用研究における有効性がよりいっそう高まると考えられる．

琵琶湖集水域における重要な研究課題の1つとして，土地利用に顕著に現れる陸域の人間活動と，水質や生態系などの湖内現象との関連性について把握することがあげられる．これは，琵琶湖集水域では湖内現象だけに目を向けるのではな

く，土地利用という面から集水域の人間活動の影響にもさらに注意を払うべきではないかと考えるためである．さらに湖沼環境管理では湖内と集水域が一体となった取組みが必要であり，そのためには総合的な視点で湖沼環境をとらえなければいけない．これらを実現するためには，GIS を利用したデータベースの整備や，GIS 特有の空間解析機能のうち，特にオーバーレイ機能，ネットワーク機能などの利用がたいへん有効である．

6.4　わが国の三大都市圏における研究事例

6.4.1　研究の視点と目的

　アジアの大都市の多くは，欧米諸国の都市地域と比べると著しく高密度であるといわれている．特にわが国の大都市は，先進国の他の大都市と比べて緑地量が著しく少なく，これは諸外国と比較して土地利用規制があまりにも弱く，緑地が開発対象とされやすいことが原因であると考えられる．

　そして東京大都市圏をはじめとするわが国の三大都市圏では，土地利用計画の問題の中でも，緑地をはじめとするオープンスペースの確保に関する問題は最も深刻かつ重要であり，このことが土地利用問題だけではなく，環境の悪化にもつながっている．わが国の大都市圏のうち特に東京大都市圏では，高密度地域が都心から郊外地域まで続いており，緑地不足が重大な問題となっている．この背景には，東京大都市圏では，ロンドン大都市圏のように 1940 年代以降の戦後復興計画の一環でグリーンベルトの設定や緑地の配置が計画されたが，決して計画どおりに十分な緑地が確保されなかったことがある．また都心から約 20 km 離れた地域でグリーンベルト計画があったが，土地所有者の強い反対により，一部のみしか実現されなかった．

　一方，緑地は環境保全機能やレクリエーション機能，防災機能，景観形成機能など多様かつ貴重な機能をもっていることから，地域環境のたいへん重要な構成要素であることが広く認識されている．さらに 1995 年に発生した阪神・淡路大震災以降は，高密度都市の危険性が認識され，緑地を基盤とした防災都市づくりの必要性も強く主張されるようになった．

　そこで本節では山本（2000）[5] および Yamamoto（2006，2007 a，2007 b）[6~8] の研究成果を踏まえ，わが国の大都市圏を対象に細密数値地図という電子地図デ

ータを利用して，都市密度指標としての公共的緑地の充足度評価について大都市圏全域での傾向を紹介する．

6.4.2 利用データの概要

この研究では，国土地理院刊行の三大都市圏を対象とした細密数値地図（10 m メッシュ）を利用した．この電子地図データは，おもに空中写真から判読して作成された 10 m メッシュ土地利用データである．首都圏・中部圏・近畿圏の三大都市圏について 5 年ごとに 5 時期分が作成されている．土地利用は，山林・田・畑・空き地・造成中地・工業用地・一般低層住宅地・密集低層住宅地・中高層住宅地・商業業務用地・道路用地・公園緑地・その他の公共公益施設用地・河川湖沼・その他の用地の 15 項目に分類されている．

なお本節における公共的緑地は，前出の山本（2000）[5] および Yamamoto（2006，2007 a，2007 b）[6~8] の研究成果を踏まえ，「他の用途に用いられることなく確保された公園や緑地などの公共的な地域」と定義する．具体的には，前述の細密数値地図の土地利用分類のうちおもに公園緑地のことを指し，これを解析・評価の対象とした．本節では，ArcGIS によりこれらの電子地図データを利用可能な形態に加工し，解析・評価を行った結果について以下で紹介する．

6.4.3 三大都市圏における都市密度指標としての公共的緑地の充足度評価

a．東京大都市圏

図 6.4 は，東京大都市圏の 1974，1984，1994 年の 3 時点の土地利用を示したものである．図から，東京大都市圏には東京以外に 4 つの政令指定都市（横浜市，川崎市，千葉市，さいたま市）が立地しているため，都市地域が連担化していることと，高密度地域が都心から 40 km ほど離れた地域まで続いており，緑地不足が重大な問題となっていることが把握できる．また図 6.5 は新宿副都心を示したものである．ホンコンやシンガポールなどと比べると高層建築物の立地はそれほど多くないが，著しい密集市街地が郊外まで連続していることがわかる．東京都心部では，新宿副都心付近に立地する代々木公園，明治神宮を除いて，大規模な公園緑地は非常に少ない．

図 6.4 に示した 3 時点の土地利用を比較することにより，20 年間でさらに郊外に市街地が形成され，公共的緑地や山林，農地が減少していたことが明らかに

88　　　　　　　　　　　　6．土地利用と GIS

1974 年

1984 年

1994 年

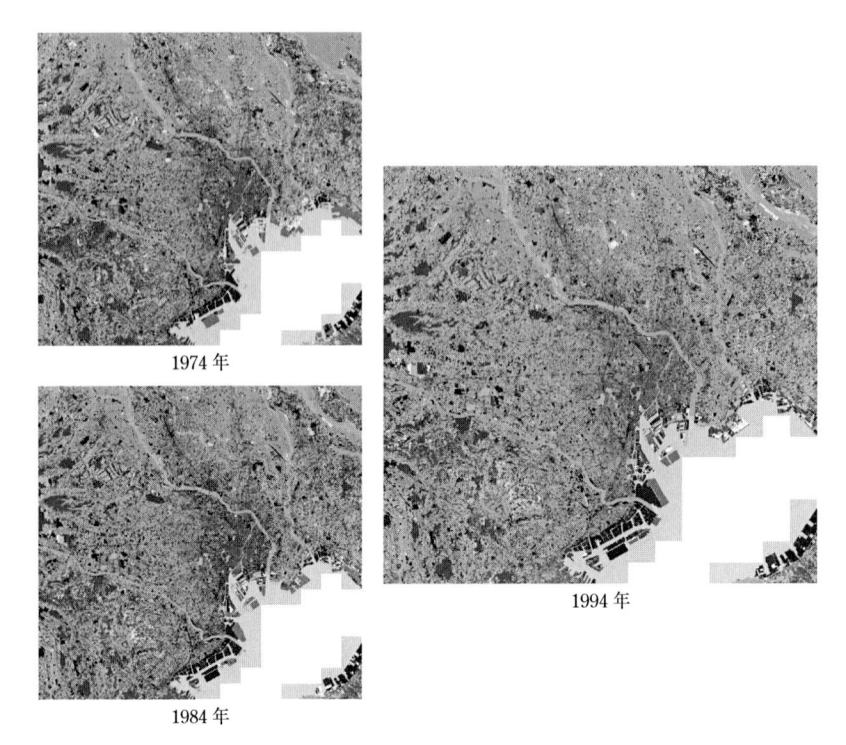

図 6.4　東京大都市圏の土地利用変化（1974〜1994 年）

図 6.5　東京新宿副都心の代々木公園と明治神宮
　　　　（2006 年 12 月撮影）

なる．特に東京大都市圏南西部の横浜市周辺では山林の減少が著しく，丘陵地が広範囲にわたって住宅地に転換されていた．

b．中部大都市圏

図 6.6 は，中部大都市圏の 1977，1987，1997 年の 3 時点の土地利用を示したものである．中部大都市圏では政令指定都市は名古屋市のみであり，大規模都市は立地していないが，名古屋市の周辺地域には多くの中規模，小規模の都市が分布している．図 6.6 から，他の 2 つの大都市圏ほど大都市が連坦化していないため，都市密度の高い地域は少なく，公共的緑地の分布も多いことがわかる．図 6.7 は名古屋市中心部の栄地区を示したものである．名古屋市でも中心部では都市密度が高いが，図中のセントラルパークなど数カ所の大規模オープンスペースが残っている．これに加えて幅員の大きな道路が都心部に整備されていることと，他の 2 つの大都市圏に比べて高層建築物の立地が少ないことが中部大都市圏

図 6.6　中部大都市圏の土地利用変化（1977～1997 年）

図 6.7 名古屋市栄地区のセントラルパーク
(2007 年 3 月撮影)

の特徴である．

また中部大都市圏は，近年の製造業を中心とした活発な産業活動により日本で最も経済状況が良好な地域といわれており，今後，市街化が進行する可能性もある．2005 年には名古屋市北東部の郊外地域において愛・地球博が開催されており，これを契機として郊外地域において地域開発が行われることも予測できる．

図 6.6 に示した 3 時点の土地利用を比較することにより，中部大都市圏では，20 年間で郊外化が進んでいるが，東京大都市圏よりも公共的緑地や山林の減少は少ないことと，北西部と南東部では農地が市街地に転換されており，北東部では森林が市街地に転換されていたことが把握できる．

c． 京阪神大都市圏

図 6.8 は，京阪神大都市圏の 1976，1986，1996 年の 3 時点の土地利用を示したものである．京阪神大都市圏には大阪市，神戸市，京都市という 3 つの政令指定都市があり，大阪市が中心都市であるが，3 つの政令指定都市の周辺にベッドタウンの中規模都市が多く立地している．図 6.9 は大阪市中心部の梅田地区を示したものであるが，大阪市はわが国の大都市の中では都心部の都市密度が最も高く，オープンスペースが少ない都市である．大阪市中心部に立地する大阪城と大阪城公園などを除き，大規模な公園緑地は非常に少ない．

一方，神戸市は 1995 年 1 月に大震災が発生した都市であり，現在でも復興事業が推進されている．図 6.10 は神戸市中心部の元町地区方向を示したものであ

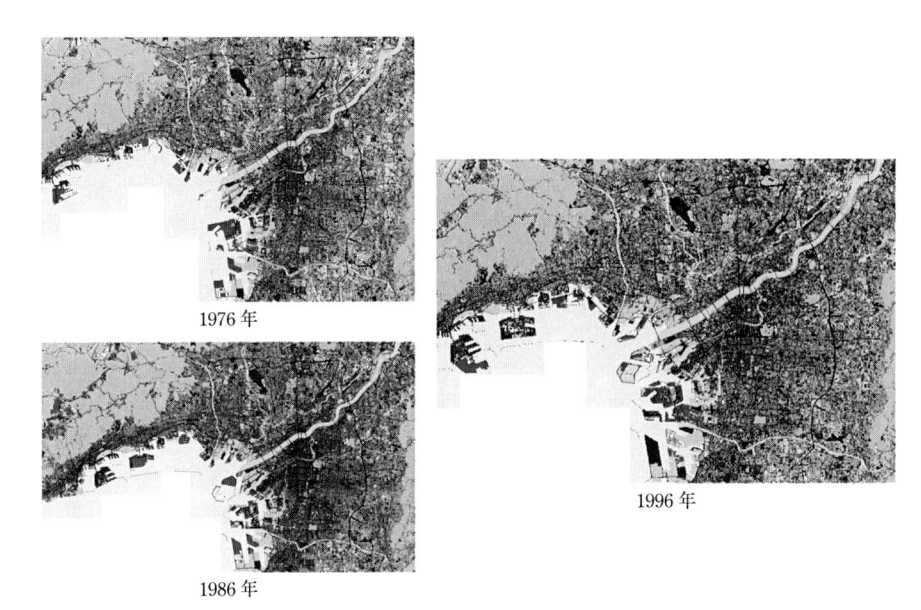

図 6.8 京阪神大都市圏の土地利用変化（1976〜1996 年）

図 6.9 大阪市梅田地区（2007 年 4 月撮影）

る．図に示されるように，神戸市は北部の山地と南部の海に囲まれた平野部が少ない都市であるため，非常に狭い地域に高密度の市街地が形成され，山地や海上の埋立地で住宅開発が進んでいる．

図 6.8 に示した 3 時点の土地利用を比較することにより，20 年間で 3 つの政令指定都市のさらに郊外地域に市街地が拡大しており，特に北西部の神戸市周辺

図6.10 神戸市元町地区（2006年4月撮影）

では丘陵地の山林が住宅地に転換されていたことが把握できる．しかし京阪神大都市圏においては，大阪市中心部では前述のように公共的緑地が非常に少ないが，郊外地域では公共的緑地や山林，農地の分布は多い．

d．GISによるわが国の三大都市圏の比較と今後の研究の展開

以上のことより，東京大都市圏では横浜市や川崎市，千葉市，さいたま市などの他の大都市が鉄道や自動車などの交通網の整備に伴って連担化しており，これが他の2つの大都市圏とは大きく異なる点であることが明らかになった．また東京大都市圏では，高密度地域が都心から40kmほど離れた地域まで続いており，緑地不足が重大な問題となっている．このことは東京大都市圏における深刻な土地利用問題としてもとらえることができる．一方，中部大都市圏は東京大都市圏や京阪神大都市圏ほど都市密度は高くないが，近年の経済成長や産業活動の活発化の影響により，郊外地域において市街化が今後進行する可能性がある．

以上のように，本節では細密数値地図によりGISを利用して大都市圏全域での傾向を表示することで，三大都市圏の過去20年間の土地利用変化を地図上に認識しやすい形態で提示し，土地利用変化と公共的緑地の充足度について三大都市圏での比較を行うことができた．また電子地図データを利用することにより，公共的緑地の配置を再検討する必要がある地域や，適正な土地利用が十分に行われていなかった地域について指摘し，地域の諸要因を考慮して今後の市街化の傾向について予測を行うことができた．

今後の研究の展開としては，以上の解析・評価結果をもとに，著しい緑地不足

地域を問題地域として考え，さらに詳細な空間スケールで解析・評価を行い，それをもとに導入可能な土地利用規制についての提言を目指すことがあげられる．

6.5 GISを利用した土地利用研究における課題と展望

本章のこれまでの成果を踏まえて，本節ではGISを利用した土地利用研究における課題と展望について述べる．

6.5.1 GISデータの整備

GISデータは作成・整備に膨大な作業を要するため，都道府県レベルまたは広域レベル以上の大きな空間スケールでいっせいに頻繁な更新・修正を行うことが非常に困難である．土地利用の経年変化を的確に把握するためには，基盤となる紙地図などの作成条件が同一のGISデータが数年次分必要であるが，GISデータを大きな空間スケール単位でいっせいに整備することは難しいのが現状である．また本章で紹介した2つの研究事例のように，土地利用について解析・評価を行う場合には，土地利用分類の細かさも重要なポイントであるが，土地利用を細かく分類したGISデータの作成は土地利用分類が細分化するほど非常に困難になる．そのため本章で指摘した問題地域だけでも，研究の目的や必要性に応じて，可能な限り詳細な土地利用分類のデータを短い時間間隔で作成・更新していくことも，今後の研究課題の1つとなってくるといえる．

このような土地利用のGISデータの作成・更新に関する課題について，国土地理院では紙地図や空中写真だけでなく，様々な種類，様々な縮尺の数値地図を刊行しており，これらの電子地図データの利用や加工で対応することができる．たとえば，前節では三大都市圏を対象とした細密数値地図（10 mメッシュ）を利用しており，筆者は今後の研究目的に応じてこの電子地図データをさらに加工して利用する予定である．また土地利用に関連が深い電子地図データとして，(財)リモート・センシング技術センターでは衛星画像，衛星写真，衛星画像地図データだけではなく，国土地理院発行の地勢図に対応したGIS用の衛星画像地図データを提供している．以上に加えて，民間企業からも多様な電子地図データが刊行され，普及しつつある．今後はこれらのように土地利用研究で利用可能な電子地図データの種類が増えるにつれ，さらにGISの応用研究の対象分野が

拡大していくことが期待できる．

6.5.2 行政による GIS データの作成と提供

山本（2001，2003，2006 b）[9〜11]でもすでに指摘されているように，国土地理院ではクリアリングハウスだけでなく，2003 年 7 月から電子国土事業[12]を開始して，多様な組織における GIS の利用を推進している．国土地理院によると，「電子国土とは，数値化された国土に関する様々な地理情報を位置情報に基づいて統合し，コンピュータ上で再現するサイバー国土」と定義されている．つまり電子国土は，インターネットを利用していつでも，誰でも，どこでも，いつのものでも，誰のものでも，国土に関する様々な情報を統合して，国土の管理や災害対策，行政・福祉情報の提供など幅広い分野で活用できる機能を備えているといえる．表 6.1 は 2007 年 4 月現在に公開されている電子国土サイトを地域別，発信情報別，発信団体別に整理したものであるが，参加団体は急速に増加しつつある．表に示されるように，発信情報別では行政情報が 35 団体，観光・生活情報が 35 団体と多く，次いで防災・安全情報が 29 団体であった．また発信団体別では，行政機関が 76 団体と過半数以上であったが，NPO 法人は 37 団体であり，発信団体別では行政機関が最も多いことがわかる．

そして将来的には，誰でも容易に地理情報を「電子国土」に発信でき，様々な主体がそれを共同利用する世界が実現できることが期待されている．このように様々な地理情報が共有され，リアルタイムな情報の更新が実現するようになる

表 6.1 電子国土サイト（2007 年 4 月現在）

地域別		発信情報別		発信団体別	
全国	20	防災・安全	29	行政機関	76
北海道	6	環境	5	教育機関	14
東北	14	福祉	6	NPO 法人	37
関東	36	行政	35	官民共同研究	7
北陸	18	観光・生活	35	実施企業など	
中部	11	教育	4		
近畿	9	その他	20		
中国	2				
四国	8				
九州	9				
その他	1				

電子国土ポータル[12]より作成．

と，電子国土は現実の国土の変化に速やかに対応できるようになり，将来予測のためのシミュレーションなどでも利用可能となる．

同様に山本（2001，2003，2006 b）[9~11]によると，総務省により「統合型の地理情報システムに関する指針」（2001年は全体指針，2002年は運用指針）が策定され，統合型GIS事業が開始されたことを大きな契機として，行政の様々な部局におけるGISの導入が進められつつある．総務省[13]によると，「統合型GISとは，地方自治体の庁内LAN等のネットワーク環境のもとで，庁内で共用できる空間データを共用空間データとして一元的に整備・管理し，各部署において活用する庁内横断的なシステム（技術・組織・データの枠組み）」と定義されている．総務省の調査[13]によると，2004年度現在，全都道府県でGISがすでに導入済みであったが，市町村では約39％がすでに導入済みであるものの，未検討が約48％もあった．また表6.2は，2004年度現在の統合型GISの導入状況について都道府県別，市町村別に整理したものである．都道府県レベルでは約26％がすでに統合型GISを導入済みであるものの，過半数以上の約53％が導入検討中であったことと，市町村レベルでは未検討が約59％とたいへん多く，すでに導入済みであるのは約10％にすぎないことがわかる．

これらのことから，都道府県レベルではGISをすでに導入済みであるが，統合型GISの導入は全都道府県の1/4程度にすぎず，市町村レベルではGISの導入も40％弱であったが，統合型GISの導入は過半数以上が未検討であったことが指摘できる．さらに総務省では都道府県を対象として，1997~2004年度にかけて7府県（岐阜県，静岡県，大阪府，高知県，福岡県，大分県，沖縄県）でGISの実証実験を行ってきた．2004年度現在では，都道府県レベルでは11都道

表6.2 統合型GISの導入状況（2004年度現在，単位：％）

	都道府県	市町村
すでに導入済み	25.5	9.6
データのみ整備中	2.1	1.4
システムのみ整備中	0.0	0.2
データ，システムともに整備中	6.4	2.8
調査中	8.5	1.9
導入検討中	53.2	25.3
未検討	4.3	58.8

統合型GISポータル[13]より作成．

府県，市町村レベルでは3市が統合型GIS整備計画を策定し，その計画をインターネットで公開している．これらの地方自治体の中でも，三重県はGISマスタープランを策定し，GISのシステムおよびデータの整備を行い，簡易携帯型GIS「M-GIS」を無償公開している[14]．岐阜県でも（財）岐阜県建設研究センターで地図情報の提供を行っており，ユーザ登録を行うとオリジナルマップを作成することができる[15]．また6.3節では，滋賀県がマザーレイク21計画のために作成したGISデータを加工して利用している．

以上のような国や地方自治体の取組みに加えて，民間企業が提供する電子地図データなどの種類も年々増えており，多様な分野における電子地図データの今後の整備が期待される．このように，わが国においてはGISデータの整備がさらに進展するに伴い，土地利用解析に利用可能なデータも増えることが予想できるため，今後はさらにGISを利用した土地利用研究が進展することが期待できる．

6.6 結論と今後の研究課題

本章は，土地利用研究におけるGISの利用の意義を示したうえで，琵琶湖地域とわが国の三大都市圏における2つの土地利用研究の事例について紹介し，GISを利用した土地利用研究における課題と展望について述べることを目的としてきた．ここでは，土地利用研究の目的にとって最適な方法で解析・評価を行うために，様々な空間解析機能が利用可能な有用性の高い情報システムとしてGISを位置づけた．GISという空間解析ツールを土地利用研究に導入することにより，これまでは技術的な制約があって困難であったことが新たに可能になり，従来よりもさらに研究目的に適した土地利用解析を行うことができるようになった．また国や地方自治体などの行政だけではなく，民間企業などによってもGISデータの作成・整備が急速に進んでいるため，土地利用研究においても様々な主体から提供される多種類のGISデータを利用することが可能になりつつある．

以上の諸点を考慮すると，GISは土地利用だけではなく多様な学問分野における研究を深化させることに大きく貢献するのではないかと考えられる．しかし，特に土地利用研究においては，GISによる解析・評価結果がもつ意味や，実際の土地利用がどのような状況なのか，どのような土地利用問題が生じている

のかという点について，十分なフィールドワークを行うことにより，GIS によるデジタル空間における仮想世界と現実世界との乖離の有無を自分の目で確認するということも重要ではないだろうか．

たとえば，仮想世界での GIS による解析結果では，市街地の拡大により土地利用問題が生じた地域として表示されていても，既成市街地が徐々に拡大したのか，ミニ開発が連続したことで新市街地が形成されたのかなどの問題が生じた原因について，現実世界に戻ってフィールドワークによって確認したうえでないと有効な対応策や解決策を提案することが困難である．さらに現実世界のフィールドワークの成果をもとに，研究対象地域の実情を自分の頭の中に描きながら，仮想世界での GIS による解析やシミュレーションを行うことにより，土地利用計画に対して従来よりもさらに実現可能な対応策や解決策を提言することができるのではないだろうか．

これまで紹介してきたように，GIS はわれわれに研究対象地域全域において総合的に土地利用の現況や変化を認識させ，土地利用問題を発見させてくれるが，今後どのような解決策が必要であるかを検討し提案するのはわれわれ自身である．これらの諸点を踏まえて GIS による解析・評価とフィールドワークを両立させることが，GIS を利用した応用研究，特に GIS の土地利用研究を行う研究者・専門家にとってたいへん重要な課題であると考えられる．　［山本佳世子］

引用文献

1) 大阪府高槻市わが街高槻ガイド．http://www.city.takatsuki.osaka.jp/maplink2.html
2) 大阪府豊中市とよなかわがまち．http://web02.city.toyonaka.osaka.jp/gis/info.htm
3) 山本佳世子（2004）：琵琶湖集水域における地域環境保全の視点からみた土地利用計画の評価．研究報告書，168p.
4) 山本佳世子（2006a）：GIS による環境保全のための土地利用解析―環境情報の共有化―，162p，古今書院．
5) 山本佳世子（2000）：地域防災性からみた公共的緑地の充足度評価方法に関する研究．環境科学会誌，**13**(4)：439-454．
6) Yamamoto, K.（2006）：Genealogy of city planning based on green spaces. 45th Annual Meeting of the Western Regional Science Association, Presentation Paper, 24p.
7) Yamamoto, K.（2007a）：Evaluation of the degree of the sufficiency of public green spaces as an index of density in metropolitan areas in Japan. 46th Annual Meeting of the Western Regional Science Association, Presentation Paper, 28p.

8) Yamamoto, K. (2007b)：Evaluation of public green space placement plans as indicator of urban density of Japan's three major metropolitan areas. 20th Conference for the Pacific Regional Science Conference Organization (PRSCO), Presentation Paper, 24p.
9) 山本佳世子（2001）：都道府県レベルでの統合型 GIS 構築に関する研究―滋賀県における電子県庁実現の試みの一環として―．第 16 回日本社会情報学会全国大会研究発表論文集：187-192．
10) 山本佳世子（2003）：都道府県レベルでの地域統合型 GIS の構築に関する一考察．第 18 回日本社会情報学会全国大会研究発表論文集：143-148．
11) 山本佳世子（2006b）：地方自治体による GIS を利用した情報発信に関する研究．第 21 回日本社会情報学会全国大会研究発表論文集：59-62．
12) 電子国土事務局，電子国土ポータル．http://cyberjapan.jp/
13) NPO 国土空間データ基盤推進協議会，統合型 GIS ポータル．http://www.gisportal.jp/
14) 三重県 M-GIS．https://www.m-gis.pref.mie.jp/mgis/index.jsp
15) 岐阜県県域統合型 GIS ぎふ．http://www.gis.pref.gifu.jp/

7 人口とGIS

　本章ではGISを用いて人口現象を分析する手法について解説する．解説にあたっては，地域人口分析（geodemographics）の理論と方法の説明を適宜交えながら論を進める．

7.1　小地域人口統計とGIS

　われわれが入手できる最も一般的な人口統計は行政単位（都道府県あるいは市区町村など）に集計されたものであろう．こうした人口統計に対して何らかの分析を行う場合，GISは主として分析結果の地図化に用いられてきた．これに対して，近年急速に利用環境が整備されつつある，いわゆる小地域人口統計は，行政単位の人口統計に比べてGISの活用の場が格段に広い．そこで本章では，GISの機能を幅広く活用できる小地域人口統計を取り上げ，GISを用いた地域人口分析の手法の具体例をいくつか示す．

　小地域人口統計とは，一般には行政区画より小さな地域を単位とする人口統計と解釈される．わが国の場合は，町丁・字あるいは基本単位区（国勢調査のために設定される単位地域であり，原則として1つの街区に相当）を単位として集計された人口統計がその代表的なものである．一方，こうした小地域人口統計を対象とする分析では，本章でも紹介するように，それらのデータを別の区画，たとえば距離帯や基準地域メッシュ（ほぼ$1\,\mathrm{km}^2$の区画，3次メッシュともいう）を単位とするデータに加工した後に本格的な分析を行う場合が少なくないが，GISの機能の有用性は特にこの加工作業において高い．なぜなら，こうした加工作業においては，当然ながら小地域の区画と新規に生成する区画とを地図上で重ね合

わせなければならず，また，小地域の面積や位置情報を用いた計算を大量に繰り返し行わなければならないからである．

　前述したように，小地域人口統計の利用環境は近年急速に整ってきており，各種の電子媒体を通じて比較的簡単に入手できるようになった．わが国については，なかでも総務省統計局が旧サイト「統計GISプラザ」において全国の町丁・字別の国勢調査データを自由にダウンロードできるようにした意義は大きい．同サイトで提供された国勢調査データは2000年のものだけであったが，同サイトが優れていたのは，国勢調査データに加え全国の町丁・字の境界データを汎用性の高いArcGISのファイル形式（Shape形式）で提供した点にある．これによって，GISが利用できる環境さえあれば小地域人口統計を用いた種々の分析が格段に行いやすくなったわけである．なお，「統計GISプラザ」が提供していたサービスは2008年に政府統計の総合窓口（e-Stat）の新サイト「地図で見る統計（統計GIS）」に移行し，同時に2005年国勢調査データも扱えるようになった．2時点の小地域人口統計が利用できるようになったことは，7.4節で後述するように将来人口推計が可能になるなどの利点が多く，新サイトは旧サイトに比べて利用価値をさらに高めたといえる．

　このように，地域人口分析にとって「地図で見る統計（統計GIS）」の有用性は低くないので，以下ではこのサイトからダウンロードしたデータをArcGISを用いて分析する具体的手法について解説することとする．なお，本章ではArcGISを構成する基本アプリケーションのうちArcMapのみを使用する．ArcMapの操作方法の詳細については説明を割愛するので，それらの操作に慣れていない場合は必要に応じて高橋ら（2005）[1]を参照していただきたい．

7.2　データの入手と小地域区画の地図化

　以下では，神奈川県相模原市を事例として，「地図で見る統計（統計GIS）」から国勢調査データをダウンロードし一連の地域人口分析を行う方法を解説する．ただし，紙幅の都合から対象とするのは単年次（2000年）のデータのみとする．本節では，一連の分析のうちデータのダウンロードから小地域区画の地図化までの手順について説明する．なお，相模原市は2000年以降，2006〜2007年にかけて周辺の4町（津久井町，相模湖町，城山町，藤野町）と合併している．

そこで本章では，2000年時点の市域を旧相模原市と呼び，旧4町との合併後の市域を単に相模原市と呼ぶことにする．

まず，政府統計の総合窓口（e-Stat）のトップページから「地図で見る統計（統計GIS）」を選び，「データダウンロード」のページに入る．続いて，Step 1において「平成12年国勢調査（小地域）」を，Step 2において「年齢別（5歳階級，4区分），男女別人口」を選択する．さらに，次のページのStep 3において分析対象地域である上記の旧5市町を選択し検索ボタンを押すと（Step 3で表示されるのは2000年時点の市区町村であることに注意されたい），Step 4の「統計データ」と「境界データ」の各欄にダウンロード可能なファイルが複数表示される．

Step 4の「統計データ」欄には，Step 2で選択した統計表「年齢別（5歳階級，4区分），男女別人口」として旧5市町，「秘匿情報」として旧相模原市が表示されるはずであるので，これらのファイルをすべてダウンロードする．秘匿情報とは，人口が一定基準（10人）に満たずにデータが秘匿された地域（秘匿地域）とそのデータが合算された地域（合算地域）との対応関係をいう．後述するように，統計データの加工の際にこの対応関係の情報が必要なので，統計表のファイルとあわせて秘匿情報のファイルもダウンロードしなければならない．なお，秘匿情報の欄に旧相模原市しか表示されないのは，他の旧4町に秘匿地域が存在しないためである．一方，「境界データ」欄では測地系，座標系，データ形式などの違いによって計6種類のファイルセットを選択できるが，ここでは旧5市町に関する「世界測地系平面直角座標系・Shape形式」のファイルを選択する．このとき，「日本測地系平面直角座標系・Shape形式」を選んでも特段の不都合は生じないが，世界測地系は今後の標準となるべき，より新しい測地基準系なのでこの方がよいであろう．さらに，Step 4では統計データと境界データの「定義書」をダウンロードする必要がある．定義書とは，後述の分析に不可欠な，ファイルのフォーマット（データの並び方）が書かれたものであり，全市区町村に共通するものである．ここでは，統計データの統計表と秘匿情報，ならびに境界データの計3つの定義書をダウンロードする．なお，定義書以外のファイルはすべて圧縮されているので，ダウンロード後に適当なソフトを用いて解凍する必要がある．

こうして全ファイルが得られたならば，ArcMapを起動した後，旧5市町の

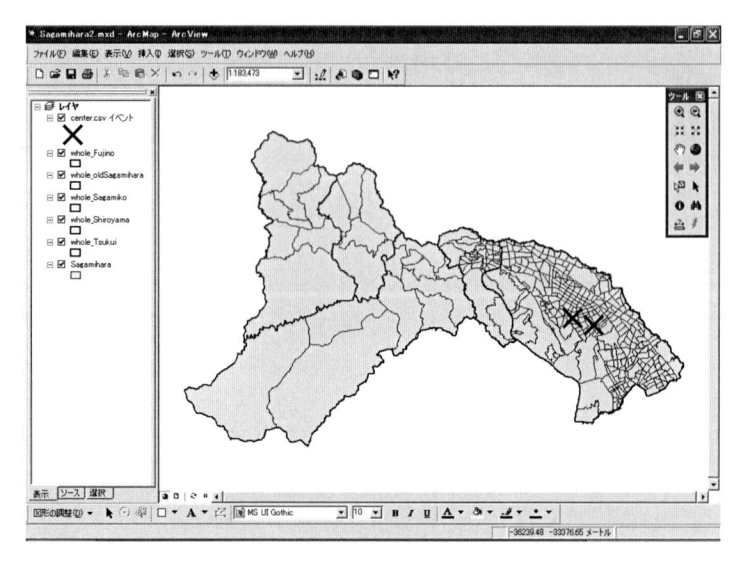

図7.1 相模原市の旧市町界と町丁・字界

境界データを「データの追加」コマンドを用いて1つずつ読み込み，5つのレイヤを作成する．5つのレイヤが得られたならば，ArcMapの分析ツール群であるArcToolboxの「アペンド」コマンドを用いて，それらの5つのレイヤを接合し1つのレイヤをつくる．こうして相模原市全域の小地域区画のレイヤが作成される（図7.1）．図中の太い実線が旧市町界，細い実線が町丁・字界を示す．太い実線で囲まれた区画のうち最も東に位置するのが旧相模原市である．図7.1より相模原市の西半分は町丁・字の区画が極端に大きいことがわかるが，それらはほぼ全域が山間部である．相模原市全域の町丁・字の区画数（計412個）は，そのレイヤの属性テーブル（当該レイヤに属する単位地域の属性情報が格納された表）をみればわかる．

7.3 町丁・字別の人口と世帯数を用いた分析

前節にてダウンロードした境界データのファイルには，Shape形式で保存された町丁・字界の情報以外に，町丁・字別の面積，中心の座標，人口，世帯数などの情報が付与されている．したがって，分析の際にこれら以外の情報を特に必

要としないのであれば，統計データのファイルは不要であり分析にかかる労力を大幅に減らすことができる．そこで本節では，境界データのファイルのみで実行可能な分析について解説する．

7.3.1 人口密度と平均世帯人員の分布図の作成

まず，上述の情報から算出可能な人口密度（population density）と平均世帯人員（average size of households）の分布図を描いてみよう．これらの値はそれぞれ「人口/面積」と「人口/世帯数」で与えられるので，相模原市のレイヤの属性テーブルにおいてフィールド演算をすれば簡単に得られる．フィールドとは属性テーブルの列に相当し（これに対して行に相当するのがレコード），フィールド演算とは列どうしの演算の意である．このフィールド演算で注意しなければならないのは，世帯数がゼロの区画については平均世帯人員を算出できない点である．本項では，この問題を回避するために「属性検索」コマンドを用いて世帯数がゼロの区画を除いたレイヤを作成し，このレイヤに関して平均世帯人員を求める．

こうして得られた分布図が図 7.2, 7.3 である．相模原市の人口密度分布（図

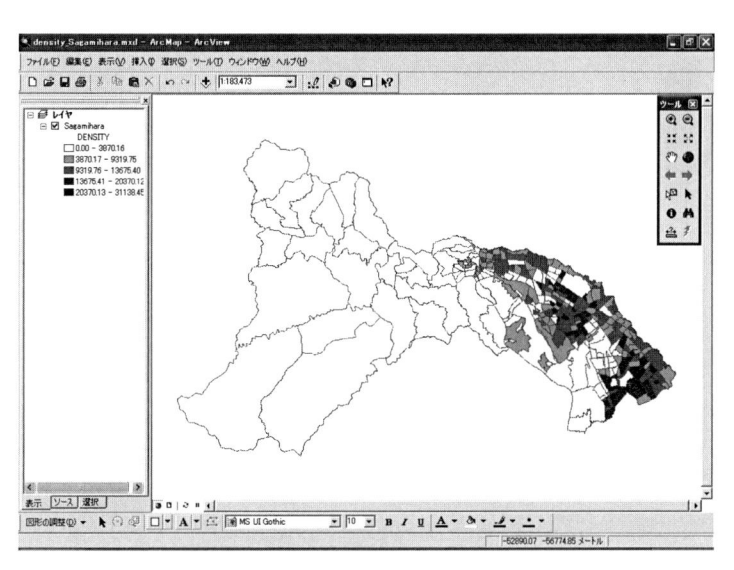

図 7.2 相模原市の人口密度分布（2000 年）
2007 年現在の市域について示した．

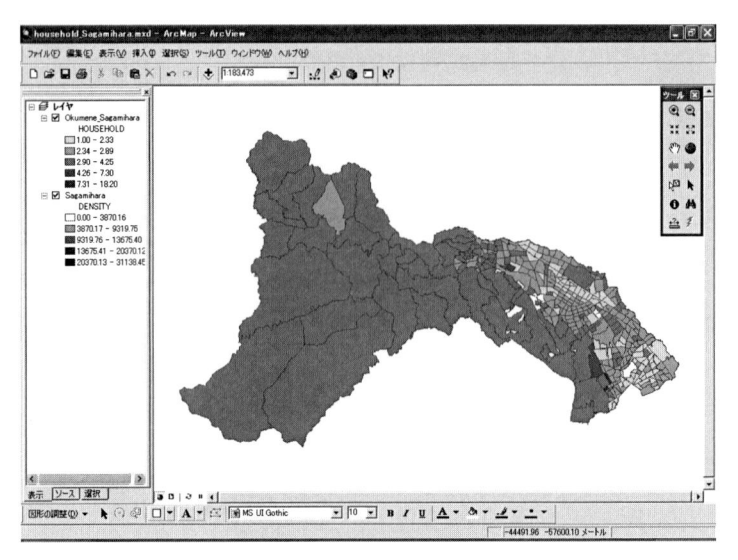

図7.3 相模原市の平均世帯人員の分布（2000年）
2007年現在の市域について示した．

7.2）をみると，明らかに市東部の旧相模原市の地域に人口が集中していることがわかる．また，平均世帯人員の分布（図7.3）をみると，人口が集中する市東部において値が小さくなる傾向がみられるが，市東部のごく一部の区画では値が極端に高い（最高18.2人）．平均世帯人員の極端に高い区画が現れるのは，それらの区画に老人ホームなどの社会施設が立地し，そうした施設の世帯は国勢調査上「施設等の世帯」として扱われ，同一の建物に住む入所者全員が1世帯とみなされるからである．なお，図7.3の白色の箇所は人口，世帯ともにゼロの区画である．

7.3.2 人口重心の算出

次に地域人口分析の代表的指標である人口重心（center of population）を求めてみよう．人口重心とは，ある地域に居住する人々の体重がすべて等しくその地域が平板であると仮定したとき，その平板を支えることのできる支点の位置を意味する．人口重心の座標は，単位地域 i の座標を (x_i, y_i)，その人口を p_i とおくと（$\sum p_i x_i / \sum p_i, \sum p_i y_i / \sum p_i$）で表される（濱・山口，1997）[2]．この定義式から明らかなように，人口重心の算出に必要な情報は単位地域すなわち町丁・字

別の人口と座標であるが，上述したように境界データのファイルにはこれらの情報がすでに含まれている．したがって，あとは上記の定義式に従って計算を行うだけである．この計算は接合されたレイヤの属性テーブル上でも可能であるがやや面倒なので，ここではそのテーブルを Excel で開いて計算する．ただし，ArcMap が扱う属性テーブルは dBASE 形式（拡張子が dbf）のファイルになっているので，Excel で開く際はこの形式を指定する．

なお，前節でダウンロードした境界データは平面直角座標系（相模原市はその第 9 系に属する）のものであったが，その属性テーブルに含まれる座標情報は地理座標系に基づくもの（すなわち経緯度表示）である点に注意されたい．経緯度表示の座標は人口重心を算出する際は特に問題ないが，その値を距離の公式 $\sqrt{(x\text{ 座標の差})^2+(y\text{ 座標の差})^2}$ に代入しただけでは 2 点間の距離を求めることはできない．こうした座標系の詳細については高橋ら（2005，pp. 157-172）[1] を参照されたい．

属性テーブルを開いたならば，人口と x 座標の積，人口と y 座標の積を求めた後，それぞれの和を人口の和で除せば人口重心の座標が得られる．ここでは，合併前と合併後の市域で人口重心がどのくらい変わるかを確認したいので，旧相模原市に関する属性テーブルでも同様の計算を行う．こうして 2 組の人口重心の座標値が得られたならば，それを図 7.4 に示すような表にしたうえでカンマ区切り形式（拡張子が csv）で保存する．これらの人口重心の位置を相模原市のレイヤと重ね合わせるには，ArcMap の「XY データ追加」コマンドを用いて当該の csv ファイルを読み込めばよい．図 7.1 に示した 2 つの記号✕がそれらの人口重心の位置である．そのうち，東寄りに位置するのが合併前，西寄りに位置するのが合併後の市域に関するものである．図 7.1 によれば，合併による市域の変化に比べて人口重心の位置の変化はかなり小さいが，これは，図 7.2 からもわかるよ

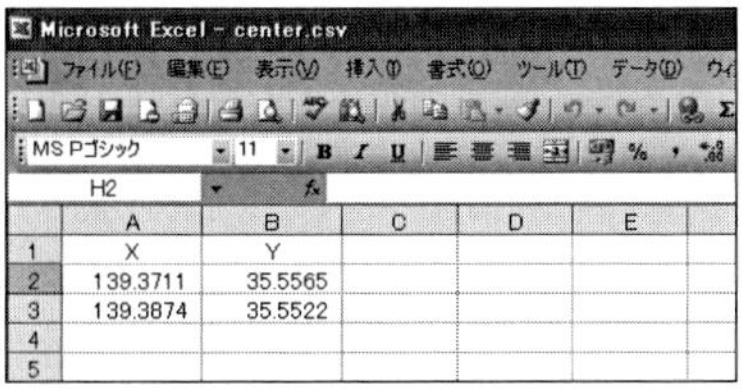

	A	B	C	D	E
1	X	Y			
2	139.3711	35.5565			
3	139.3874	35.5522			
4					
5					

図 7.4　人口重心の座標に関する csv ファイル

うに旧相模原市の人口の比重が旧4町に比べてきわだって高いからである．

7.3.3 距離帯別人口密度の算出

ここでは，さらに人口重心からの距離に応じて人口密度がどのように変化するかを検証する．そのためには，まず人口重心を中心とする距離帯を設ける必要がある．ArcMap には距離帯のレイヤを生成するための「多重リングバッファー」コマンドが ArcToolbox に用意されているので，ここではこのコマンドを用いて相模原市の人口重心を中心とする幅1kmの距離帯を設定する．図7.5はこうして生成された距離帯のレイヤと相模原市のレイヤを重ね合わせたものである．2つのレイヤを重ねたならば，ArcToolbox の「インターセクト」コマンドを用いて町丁・字の区画を各距離帯によって分割する．たとえば，ある町丁・字の区画が3つの距離帯にまたがっている場合，その区画は3つに分割される．こうして相模原市の全412区画の町丁・字が細分され新たに667の区画が生成される（図7.5において灰色の部分）．

距離帯別の人口密度を求めるためには，上述した667区画の人口をそれぞれ算出しなければならないが，本項ではそうした計算にしばしば用いられる面積按分

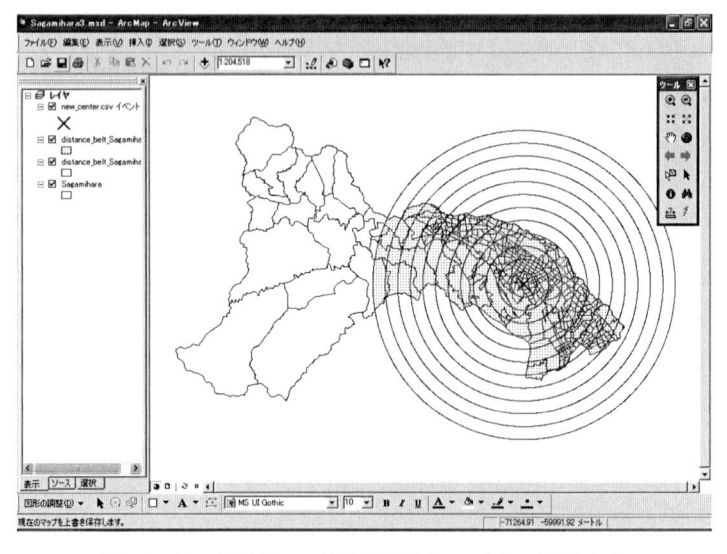

図7.5 1km距離帯のレイヤと相模原市のレイヤの重ね合わせ

法と呼ばれる手法を用いる．面積按分法とは，単位地域（ここでは町丁・字）の人口がその地域内に一様に分布しているとの仮定のもとに，単位地域を分割して生成された区画の人口を「単位地域の人口密度×分割された区画の面積」で算出する方法である．したがって，ここでは上述の667区画の人口を求めるのに先立ち，それらの面積を求める．ArcMapではレイヤを構成するポリゴン（多角形の意．ここでは町丁・字に相当）の面積を求めることができるので，その機能を使って作業を行う．ただし，ArcMapには面積算出のための専用コマンドは用意されていないので，ヘルプを参照して作業を進めていただきたい．この作業によって667区画の面積が得られたならば，町丁・字別の人口密度はすでに算出済みなので，フィールド演算にてそれらの値（すなわち，町丁・字別人口密度と667区画別の面積）の積を求めれば667区画の人口が得られる．

こうして，町丁・字を分割した区画の面積と人口が得られたならば，Arc-Toolboxの「ディゾルブ」コマンドを用いて，それらの区画を距離帯ごとに統合する．このコマンドは，フィールドの値が一致する複数のポリゴンを統合して1つのポリゴンを作成するものである．ここでは，距離帯を表すフィールドを基準としてディゾルブ操作を行えばよい．その際，同一のポリゴンに統合される複数のポリゴンについて任意のフィールドの値を合算するよう指示できるので，この機能を利用して各距離帯の面積と人口を求める．距離帯別の人口密度はこれらの値から簡単に得られることになる．こうして得られた距離帯別人口密度と距離との関係を図7.6に示した．図によれば6～7km帯の人口密度の高さが目立つが，これはこの距離帯が同市南東部の私鉄沿線の人口密集地に重なるためである．

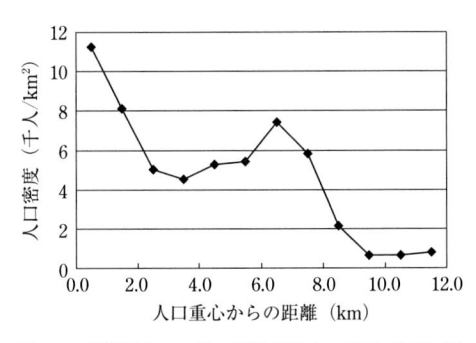

図7.6 相模原市における距離帯別人口密度（2000年）

7.4 町丁・字別の性・年齢階級別人口を用いた分析

本節では，7.2 節で言及した統計データ，すなわち，統計表「年齢別（5歳階級，4区分），男女別人口」のデータを用いた分析について説明する．説明にあたっては，地域人口分析においてよく用いられる老年人口比率（elderly population ratio），女性子ども比（child-woman ratio），人口ポテンシャル（population potential）の3測度を取り上げる．また，より有意な議論を行うため，これら3つの測度を基準地域メッシュを単位として算出しその地図化を行う．なお，旧相模原市以外の旧4町については町丁・字の区画の多くが基準地域メッシュに比べてかなり大きいので，本節では旧相模原市のみを対象として議論を行う．

7.4.1 境界データと統計データの結合

本項では，上記の統計データを ArcMap で利用するために，このデータを属性テーブルを介して境界データと結合させる．その際に実行するのが「テーブル結合」という操作である．この操作は，各町丁・字に対して固有に割り振られた最大11桁の地区コード（うち先頭5桁は市区町村コード）に基づいて両者を結合するものであるが，結合に先立ち以下のa～dに示すような様々な準備を必要とする．なお，「テーブル結合」によって生成されたレイヤはやや扱いにくいので，それをいったんエクスポートし，エクスポートしたレイヤをその後の分析に用いるのが望ましい．

a．統計データの整理

当該の統計データは txt を拡張子にもつファイルとして提供されるが，このファイルは多くの変数を含み変数名もわかりにくいので，Excel で開いた後に必要な変数のみ選択・算出し，それらにわかりやすい名称をつけた方がよいだろう．ここで必要なのは，総人口，0～4歳人口，65歳以上人口，20～39歳女子人口のみである．このファイルに含まれる変数とその定義については，7.2 節で言及した定義書をみればよい．なお，このファイルはカンマ区切り形式となっているので Excel で開くときには注意が必要である．また，最後に保存する際には必ず拡張子を csv に変更しなければならない．

b．秘匿地域と合算地域の統合

7.2 節で述べたように，人口が一定基準に満たない地域はデータが秘匿されあ

7.4 町丁・字別の性・年齢階級別人口を用いた分析

らかじめ合算地域の値に算入されている．したがって，当該の統計データにおいて秘匿地域のレコードを削除し，境界データにおいて秘匿地域とその数値が算入されている合算地域を統合する必要がある．境界データの統合作業は，7.2節で言及した秘匿情報に基づいて秘匿地域の地区コードを合算地域のそれと一致させた後，その地区コードのフィールドを基準として「ディゾルブ」コマンドを実行すればよい．

c．飛び地の統合

前節で扱った境界データは，複数のポリゴン（その多くの場合は飛び地）を有する町丁・字については，1つのポリゴンに1つのレコードが割り当てられるが，それらの地区コードはすべて同じになる．したがって，同じ地区コードをもつレコードが複数個並ぶ場合がある．これに対して，当該の統計データでは1つの地区コードに1つの行（レコード）のみが対応する．このような条件下でテーブル結合を行うと，統計データの1行に境界データの複数のレコードが結びつく形となるので，人口が重複してカウントされてしまう．一方，ArcMapは1つのレコードで複数のポリゴンを有することができる．そこで，本項では「ディゾルブ」コマンドを利用して同一の地区コードをもつポリゴンを統合する．

d．地区コードのデータ形式の変換

前述した「テーブル結合」の際の基準となる地区コードのフィールドは，境界データと統計データに共通して存在しなければならないのは当然であるが，さらには，データ形式（たとえば，整数型，テキスト型など）も一致していなければならない．しかし，残念ながら境界データの地区コードのフィールドがテキスト型であるのに対して，統計データのそれは整数型となっている．そのため，ここでは境界データの地区コードのデータ形式を整数型に変換する．変換の方法は，境界データの属性テーブルにおいて新たに整数型のフィールドを追加したあと，地区コードの情報をこのフィールドにコピーすればよい．

7.4.2 地域メッシュ統計データの作成

本項では，前項で作成した町丁・字を単位とする統計データを加工し，基準地域メッシュを単位とする統計データを作成する．まず，基準地域メッシュに関するポリゴンを入手した後，これらのポリゴンからなるレイヤと前項で作成したレイヤを重ね合わせ，目的とする地域メッシュ統計データを得る．

a. 地域メッシュポリゴンの入手

地域メッシュポリゴンについては，ESRI ジャパンのサポートサイトに「標準地域メッシュ・ポリゴン作成ユーティリティ」が用意されているので，本項ではこれを利用する．ただし，このサイトに入るには同社製品の正規ユーザに配布される ID とパスワードが必要である．上記のユーティリティは，経緯度に基づいて定義される標準地域メッシュのうち，2, 3, 4 次メッシュのポリゴンを作成するものであるが，ここではこれを用いて 3 次メッシュ（すなわち基準地域メッシュ）のポリゴンを作成する．標準地域メッシュシステムの詳細については，河邊 (1985)[3] や大友 (1997)[4] などを参照されたい．

上記のユーティリティを用いてメッシュポリゴンを作成するには，まず当該ページの指示に従ってポリゴン作成のためのファイルをダウンロードし，そのファイルを ArcMap から開く．このとき，作成するメッシュの型とその範囲（1次メッシュのコードで指定）を選択する画面が現れるので，メッシュの型については 3 次メッシュ，範囲については旧相模原市が位置する 1 次メッシュ（コード：5339）を選ぶ．こうして作成されたポリゴンのレイヤを旧相模原市のレイヤに重ね合わせたものが図 7.7 である．なお，この重ね合わせの際に座標系について注

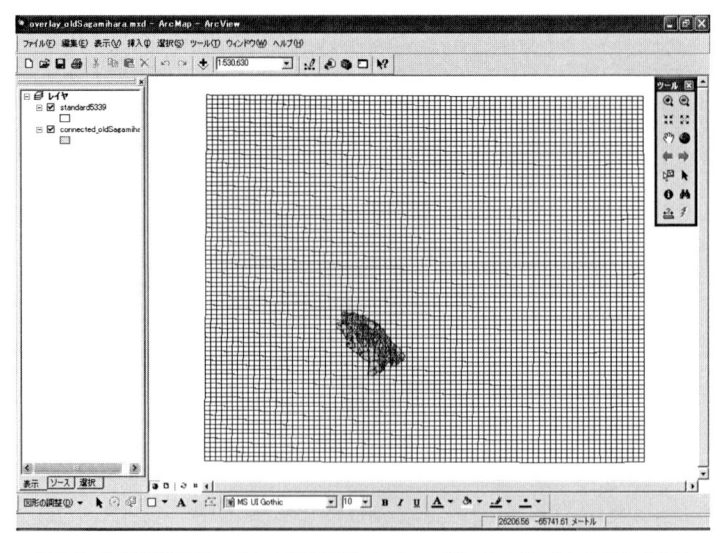

図 7.7　旧相模原市のレイヤと基準地域メッシュポリゴンのレイヤの重ね合わせ

意を促すメッセージが現れる．このメッセージは，当該の2つのレイヤの座標系が異なる場合に現れ（旧相模原市のレイヤが平面直角座標系の第9系であるのに対して，ポリゴンのレイヤが地理座標系），文字どおりしかるべき注意を要するが，ここではこのメッセージを無視（すなわち「了解」と回答）してまったく問題ない．その理由については高橋ら（2005, pp.90-92）[1]を参照されたい．

b．基準地域メッシュを単位とする統計データの作成

図7.7をみてわかるとおり，作成された基準地域メッシュのうち旧相模原市の市域とオーバーラップするのはごく一部であるので，まずそれらのメッシュのみを選択する必要がある．こうした作業を行うにはArcMapの「空間検索」コマンドを用いればよい．ここでは，このコマンドにおいてメッシュの中心が旧相模原市の市域に含まれるもののみ選択されるよう指示する．

メッシュを選択し終えたなら，7.3.3項において町丁・字別の人口から距離帯別の人口を算出したときとまったく同じ要領で，町丁・字別の統計データから基準地域メッシュ別の統計データを作成する．すなわち，「インターセクト」コマンドを用いて町丁・字の区画を分割した後，「ディゾルブ」コマンドを用いて分割済み区画を基準地域メッシュを単位として統合する．なお，ここで得られる統計データは，前項にて境界データとの結合の際に選択された変数（総人口，0～4歳人口，65歳以上人口，20～39歳女子人口）のみである．

7.4.3 3つの測度の算出とその分布図の作成

前項の作業の結果，旧相模原市の範囲において基準地域メッシュを単位とするいくつかの変数が得られたので，本項ではこれらのデータから3つの測度（老年人口比率，女性子ども比，人口ポテンシャル）を求め，その分布図を作成する．

a．老年人口比率の算出とその分布図の作成

老年人口比率は総人口に対する老年人口（65歳以上人口）の比率であるので，フィールド演算によって簡単に算出できる．図7.8はその分布を示したものである．図によれば，南東部の住宅地域で高い値，北西部の工業地域で低い値を示し，その格差は最大で3倍を超えることがわかる．

b．女性子ども比の算出とその分布図の作成

女性子ども比は，再生産年齢すなわち15～49歳の女子人口に対する0～4歳人口の比として定義される．一般に0～4歳人口は過去5年間の出生数に近いこと

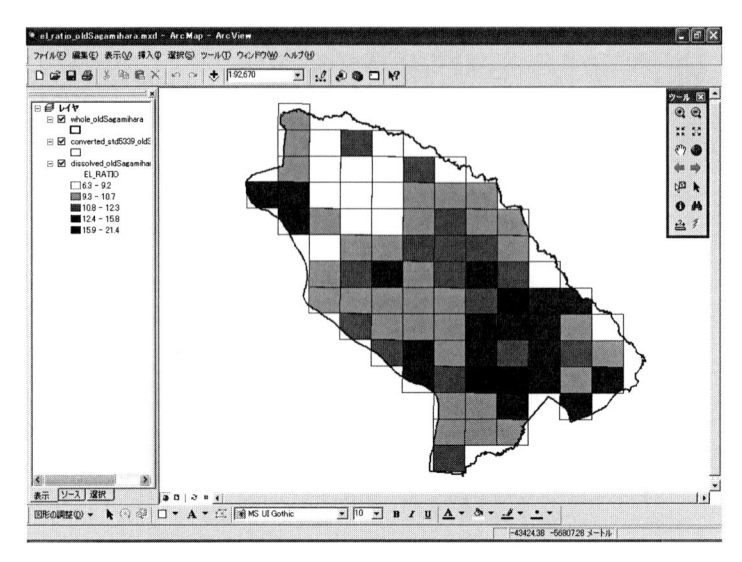

図 7.8 旧相模原市における老年人口比率の分布 (2000 年)

から，この比率は，何らかの理由で出生数のデータが得られない場合に，出生率の水準をセンサス（日本では国勢調査）の結果から代替的に求める場合によく使われる．

また，女性子ども比は，将来人口推計の手法の1つであるコーホート変化率法に欠かすことのできない指標でもある．コーホート変化率法とは，2時点の性・年齢階級別人口のみから将来の人口を推計する手法であるが，この手法において女性子ども比は将来の出生数の推計に用いられる．前述したように，「地図で見る統計（統計 GIS）」では 2000 年と 2005 年の国勢調査のデータが提供されているのでコーホート変化率法による将来人口推計が可能であり，「統計 GIS プラザ」の時代に比べて分析の幅が広がったが，本章では紙幅の都合でその方法についての具体的な説明は割愛する．コーホート変化率法の理論面の詳細については濱・山口（1997）[2]を参照されたい．

なお，わが国の場合，15〜19 歳と 40 歳以上の女子の出生率はきわめて低いので，本項では濱・山口（1997）[2]にならい 20〜39 歳女子人口に対する 0〜4 歳人口の比率を女性子ども比とする．図 7.9 はこうして算出した女性子ども比の分布図である．図によれば，人口密度の低い南西部で高く，逆に高齢化の進んだ南東

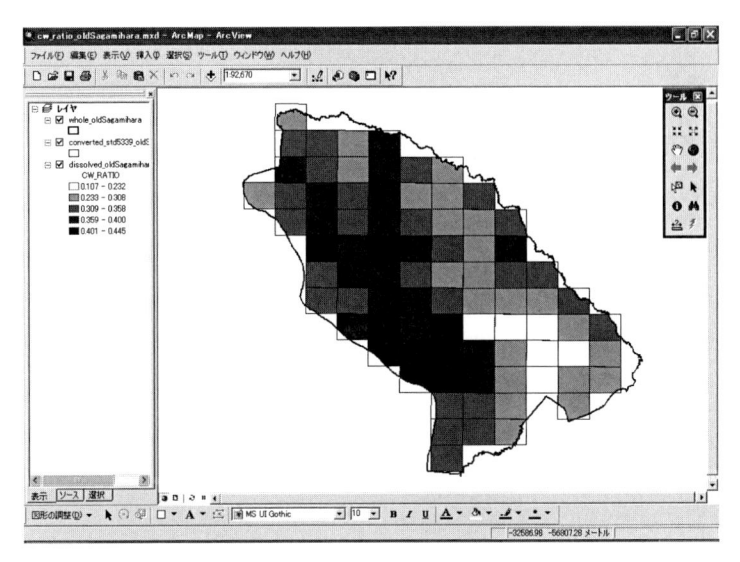

図7.9 旧相模原市における女性子ども比の分布 (2000年)

部で低いことがわかる.

c. 人口ポテンシャルの算出とその分布図の作成

人口ポテンシャルは,地域人口分析における重要な概念の1つであり,ある地域に対してその周辺地域の人口が影響を及ぼしているとき,そのような影響を与える潜在力の総和を意味する.ある地域 i の人口ポテンシャルを v_i とおくと,

$$v_i = k \sum_j \frac{p_j}{d_{ij}}$$

と表される.ただし,k は定数,p_j は地域 j の人口,d_{ij} は地域 ij 間の距離を表す.また,上式の p_j/d_{ij} が地域 j の潜在力を示す.当然ながら地域 i は自身の人口 p_i の影響も受けるが,その潜在力を p_j/d_{ij} で評価しようとすると分母がゼロとなり計算できない.ただし,地域メッシュのように地域の形状がすべて等しいのであれば,自地域の潜在力を $2p_i/r_i$ (ただし,r_i は地域 i を円とみなしたときの半径) でおおよそ評価することができるので,本項ではこの評価方法を採用する.こうした人口ポテンシャルの計算上の問題点については井上 (2007)[5] を参照されたい.

人口ポテンシャルの定義から明らかなように,この値を算出するにはメッシュ

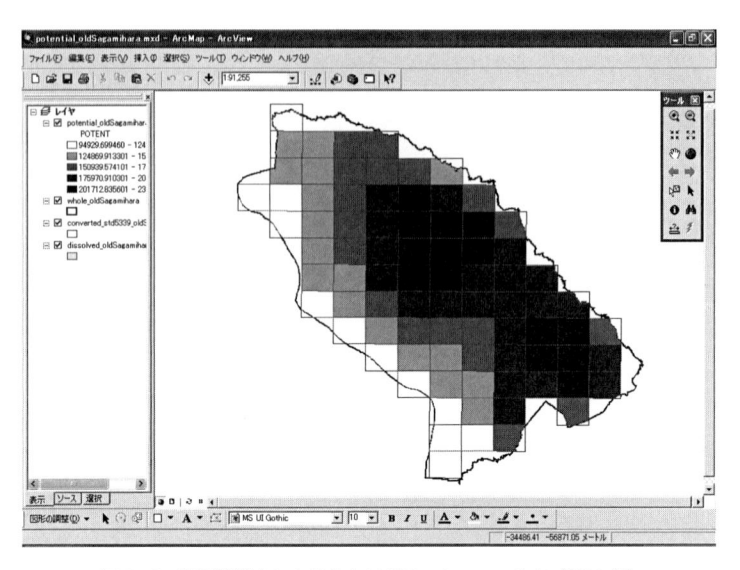

図 7.10　旧相模原市における人口ポテンシャルの分布（2000 年）

間の距離を求める必要があり，そのためにはメッシュの中心の座標値が得られていなければならない．ArcMap ではポリゴン中心点の座標を求めることは可能であるが，専用のコマンドは用意されていないので，実際の計算をする場合はヘルプを参照しながら作業をしていただきたい．なお，この作業によって得られる座標値の座標系は当該のポリゴンのそれと一致するので平面直角座標系（第 9 系）となる．したがって，町丁・字の境界データに含まれる座標値（前述のようにこの座標は地理座標系で表されている）とは異なり，得られた値を距離の公式に直接代入すればメッシュ間の距離が算出できる．

　こうして算出された人口ポテンシャルの分布を示したものが図 7.10 である．この図は人口密度の分布図（図 7.2）の旧相模原市部分と一見似ているが，中央付近の人口密度の低い地域の値が相対的に高く，また境界付近のメッシュはいずれも値が低い．対象地域の中央付近が高く周辺部で低くなるのは人口ポテンシャルの分布によく現れる傾向であり，本項の計算結果はそうした一般的傾向に合致していると判断できる．

［井上　孝］

引 用 文 献

1) 高橋重雄・井上　孝・三條和博・高橋朋一編（2005）：事例で学ぶGISと地域分析―ArcGISを用いて―，180p，古今書院．
2) 濱　英彦・山口喜一編著（1997）：地域人口分析の基礎，235p，古今書院．
3) 河邊　宏（1985）：地域統計概論，195p，古今書院．
4) 大友　篤（1997）：地域分析入門［改訂版］，307p，東洋経済新報社．
5) 井上　孝（2007）：人口ポテンシャル概念と小地域人口統計．統計，**58**(12)：12-16．

8 森林とGIS

8.1 森林管理とGIS[1~5]

8.1.1 CGISから始まった森林GIS

コンピュータで地図情報を処理する最初の試みは，1950年代に米国空軍によって開発された半自動式防空管制組織SAGE（semi automatic ground environment）であるといわれている．しかし，GISの原型ともいえるべきものは，1966年にトムリンソン（Tomlinson）によってカナダで開発されたCGIS（Canada Geographic Information System）であり，これはカナダの広大な森林や土地を管理するためのシステムとして開発されたものである．そのため，GISはカナダで誕生したともいわれている．

GISは，地図とその属性を示す帳簿を一元的に管理することができるデータベースであり，地理情報を効率的に保管・検索・修正・変換・解析・表示・出力することができる．しかし，それはGISの1つの側面でしかない．GISには，オーバーレイ機能やバッファリング機能をはじめとする各種の空間解析機能があり，これらの機能は森林をゾーニングをするときにおおいに役立つ．また，住民参加型の森林計画を作成する場合には，情報を共有化する手段として，森林GISはなくてはならないツールである．複雑・多様で広域な自然を相手にする森林・林業関係者にこそ，コンピュータによる業務補助や業務支援が必要であり，森林GISは必須のツールであるといえる．

8.1.2 森林GISの特徴

GISを地域の森林情報の管理に応用したシステムは，森林GISと呼ばれてい

る．森林 GIS には，対象が森林であることに基づくいくつかの特徴がある．まず，土地区画を表すポリゴンは林小班を単位として作成されている．ここで，林班とは，森林を半永久的に固定的に区分するときの区画であって，一般に，尾根や沢などの天然の地形線や道路などを境界とする．小班とは，林班の内部を森林の種類や属性情報の違いに応じて一時的に区分するときの区画である．樹木の位置を点ベクタで表示することは，大径木や名木などの場合を除いていまはまだ一般的ではないが，今後は増える傾向にある．林道や作業道などの路網はラインベクタで表示されている．基本となる地図は，国有林と民有林とでは若干異なるが，民有林の場合は，空中写真の図化成果に基づいて作成された縮尺 1/5,000 の森林基本図であって，等高線，行政区界，林班界が記入してある．これに，小班界，林道，森林の種類などを記入した図面は，森林計画図と呼ばれる．

　森林 GIS の属性情報には，通常，森林簿のデータが用いられている．森林簿とは，一筆ごとの森林の情報が記載してある帳簿であって，電算化されたものを都道府県が管理している．森林所有者などの個人情報が含まれていることから，森林簿は非公開である．なお，森林簿は基本的に現況を表す帳簿であるので，GIS の属性情報としては不十分である．過去の森林整備や施業履歴などの情報も含んだ形の次世代森林簿を構築する必要がある．

8.1.3　森林 GIS で使われる基礎データ

　森林 GIS で使われている主な基礎データは，次のとおりである．

　まず，都道府県が保有している森林計画図ならびにオルソフォトを背景の画像として用いており，森林計画図から作成した林小班ポリゴンに対して，森林簿の情報を属性情報としている．森林簿には，人工林の情報は樹種別，林齢別に詳しく記載されているが，天然林の情報はそれほど詳しくないことが多い．

　天然林に関する情報源としては，環境省が作成した現存植生図を利用することが多い．現存植生図は環境省が 1973 年から始めた「緑の国勢調査」の成果をデジタル化したものの 1 つであり，同省生物多様性センターのホームページの中の「生物多様性情報システム（J-IBIS）」により公開されている．また，これらの情報は「自然環境情報 GIS」として CD-ROM に収録され，公的機関に配布されている．環境省の現存植生図について使用上の問題があるとすれば，それは人工林が一括表示されていることである．たとえば，スギ林とヒノキ林が区別され

ず，スギ・ヒノキ林と表示されている．

国土交通省国土地理院の数値地図 2500（空間データ基盤）と数値地図 25000（地図画像）は，基本データとして利用されている．また，数値地図 50 m メッシュデータ（標高），いわゆる 50 m の DEM (digital elevation model：数値標高モデル) は，傾斜や方位の解析だけでなく，比高，起伏度，露出度，集水面積（集水域積算）を算出したり，日照解析に利用されている．DEM は，画像を 3 次元表示するときにも利用される．なお，林道設計や治山工事などで土量計算を行う場合は 50 m メッシュでは粗すぎるので，等高線データから独自に DEM を作成したり，市販の 10 m メッシュの DEM を利用している．

8.1.4 森林 GIS フォーラムによる普及啓発活動

1994 年 4 月に国内の産官学の組織である森林 GIS フォーラムが設立され，研究会やシンポジウムの開催など，普及啓発活動が進められてきた．その結果，わが国では，1990 年代後半から森林 GIS が行政に本格的に導入されるようになり，現在ではほとんどの都道府県で森林 GIS が導入されている．また，市町村役場や森林組合にも確実に普及しつつある．しかしながら，森林 GIS は，当初はなかなか普及しなかった．その理由としては，林小班ポリゴンの作成など初期データ整備に多大の投資を必要とすること，属性データの更新体制が未整備であること，森林 GIS の技術者が不足していることなど，いくつかの問題点をあげることができた．さらに，森林 GIS に対する理解と認識が森林関係者によって大きく異なることも一因であった．森林 GIS を大まかに分類すると，行政用，森林組合用，林業家用，研究機関用の 4 つのタイプに区分することができるが，当初はそうした区別が明瞭ではなかった．

8.1.5 行政用の森林 GIS の発展段階

現在までのところ，行政用の森林 GIS には 4 つの発展段階がある．第 1 世代の森林 GIS は，林小班ポリゴンを作成し，それに森林簿の情報を属性情報としてリンクさせたものである．都道府県に導入されている森林 GIS の大半が，この世代の森林 GIS である．第 2 世代の森林 GIS は，紙地図などの既存の地理情報をベクタ化することによって GIS に入力し，それらのデータを GIS の空間解析機能を用いて解析することによって，目的に応じた新しい主題図を作成するも

のである．既存の資料をベースにして森林機能評価区分図などを作成する場合がこれにあたる．第3世代の森林 GIS は，リモートセンシング情報などのモニタリング結果や新規の森林情報を取り入れて解析をする段階である．リモートセンシングを広域モニタリングの手法として応用するとともに，それらの情報を定期的に解析し，時系列情報として整備していく段階である．イコノス (IKONOS) やクイックバード (QuickBird) などの高空間分解能の衛星画像が利用可能になったことにより，今後，この分野の研究や応用は急速に進むものと思われる．第4世代の森林 GIS は，インターネットを利用した住民参加型の森林 GIS である．GIS ではつねに最新の情報を登録していくことが求められているが，環境をモニタリングするにあたって，空中からのリモートセンシングや気象観測ロボットのような定点観測では，どうしても把握できない情報も多い．たとえば，野生生物の生息分布情報などは地上調査によって情報を収集するしかない．したがって，住民や市民あるいは環境 NPO などから寄せられた情報を地域の知的財産としてデータベース化し，共有化する必要がある．特に野生生物の生息分布情報を収集する場合に，第4世代の森林 GIS が必要になる．

8.1.6　森林行政用の GIS と森林組合用の GIS

行政用の森林 GIS は，地域や市町村の施策や森林計画を作成するために利用されることが多く，おもな使われ方は，検索，解析，表示，各種行政資料の作成ならびに政策や計画の企画立案である．どちらかというと，森林 GIS をデータベースとして利用することが多い．したがって，行政用の森林 GIS は森林簿と一体であることが必要条件であり，広域を対象にした各種の検索や解析が高速に処理できる必要がある．また，森林 GIS に入力されたデータは公式の情報としてみなされることもあり，個人情報も含まれているので，当然のことながらデータベースに対するセキュリティには万全の対策が必要である．

一方，森林組合の場合は，森林 GIS は森林管理のために使われる．そのため，他の既存の情報システムの中に組み込まれ，サブシステムとして利用されていることも多い．森林 GIS は検索結果の表示や地図・図面の作成に使われている．また，間伐計画の作成などにも使われ，意思決定支援システムとしても利用されている．日常業務の中で GIS データを入出力するので，まず定型業務に関する使い勝手のよさが重視される．森林組合用の森林 GIS の特徴としては，個々の

森林の履歴情報を取り扱うことの必要性があげられる．つまり，育林の記録などを GIS のデータベースに登録し，利用する機能が必要になる．

なお，林業家用の森林 GIS に求められるのは，地図付き家計簿のようなものであるので，個々の林業家の裁量に任せればよいともいえる．しかし，森林計画の申請手続きなどをデジタル化することを考えると，やはり，林小班ポリゴンや基本属性データを，林業家，森林組合，自治体との間で共有化できる仕組みにしておく必要がある．

8.1.7 林業試験場型の森林 GIS

森林 GIS のデータが整備されていくに従い，森林 GIS の有用性や必要性が広く認識されるようになり，より高度な空間解析機能へのニーズが増大している．空間解析の結果は，森林機能評価や森林ゾーニングに応用されたり，政策立案の資料として用いられる．行政用の森林 GIS に対して，より高度な空間解析結果を提供する役割を担う組織や技術者集団が必要であり，このような役割を担う森林 GIS を，ここでは林業試験場型の森林 GIS と呼ぶことにする．

林業試験場型の森林 GIS とは，高度な空間解析機能を駆使することによって得られた解析結果や研究成果を，行政用や森林組合用の森林 GIS に提供する役割を果たすものである．すなわち，リモートセンシング，GPS，インターネットなどをはじめとする IT 先端技術も活用して，それぞれの地域において新しい森林 GIS 情報を作成し提供していくものとして位置づけられる．

8.2 バイオリージョン GIS[6,7]

8.2.1 バイオリージョンとは

バイオリージョン（bioregion）とは，「生命地域」と訳されているが，気候，地形，流域，土壌，野生生物など，その地域に固有な独特の自然によって決まってくる地域生命圏のことである．また，それらの自然環境に順応し，調和した形で営まれている生活様式や都市の機能までも含めた概念である．1973 年にアメリカのピーター・バーグ（Peter Berg）は「地球全体を守るためには，まず部分を守る必要がある」との認識からプラネット・ドラム財団を設立し，地域生態系の機能回復と保全を目指したバイオリージョン活動を始めた．いまでは，全米

各地はもとより，南米でもバイオリージョン活動が展開されている．

8.2.2 バイオリージョン GIS

わが国では 1997 年 10 月に地理情報システム学会の有志によってバイオリージョン SIG（special interest group）が設立され，バイオリージョン GIS の活動が始まった．同 SIG は，GIS を用いた地域生命圏の研究について情報を交換する場であって，メーリングリスト（BioGIS@affrc.go.jp）に登録した人が会員になるというユニークな組織である．入会金も年会費も無料である．研究会を毎年 1〜3 回開催している．

バイオリージョン GIS の研究では，地域生命圏に関する空間分布情報のすべてが研究の対象となるが，そのように考えると研究の範囲が非常に広くなるので，当面は地域生態系に関する自然環境情報を研究の対象にしている．最近の研究課題は，野生生物の生息分布域の解析，生物多様性の解析，地域生態系の機能評価，森林計画への応用などである．

なお，バイオリージョン研究における自然環境データの入手方法には，大別すると次の 3 つの型がある．すなわち，リモートセンシング型，定点自動観測型，野外調査型である．このうち最も手間がかかり，1 人ではできない研究が野外調査型の研究になる．そのために，地域生態系に関する自然環境情報の研究では，データベースの構築や研究者間の情報交換が必要になる．

8.2.3 バイオリージョン GIS 研究における解析手法の分類

バイオリージョン GIS の研究は使用するデータの質と量によって解析手法が異なり，次の 3 つの型，すなわち，データベース型，標本調査型，潜在分布域推測型に分類できる．

1) データベース型の研究

関連する情報を可能な限りすべて GIS に入力するとともに，不足する情報は野外調査などを実施して補うタイプの研究．GIS をデータベースとして利用し，多種多様なデータを用いて多角的に解析するので，総合的な解析が可能である．

2) 標本調査型の研究

サンプル調査地点における解析対象物と地理的諸条件との関係を GIS を用いて解析し，その結果を用いて野生生物生息地関係モデルなどの数式モデルを構築

し，対象地域全体の分布状況を GIS の解析機能により推定しようとする研究．

3) 潜在分布域推測型の研究

国土地理院の DEM や環境省の自然環境 GIS データなどのように，国や地方自治体によってすでに整備されているデータを活用し，GIS の地形解析機能を駆使して，それぞれの地域の潜在的な特性（ポテンシャル）を相対的な指標値で表して評価しようとする研究．

8.2.4 森林管理のための基準と指標

1992 年にブラジルのリオデジャネイロで開催された「環境と開発に関する国連会議」(United Nations Conference of Environment and Development：UNCED)，いわゆる地球サミットでは，21 世紀に向けた人類の行動計画「アジェンダ 21」が採択された．また「気候変動枠組み条約」と「生物多様性条約」も採択され，「森林原則声明」が発表された．森林原則声明では，森林を生態系としてとらえ，森林の保全と利用を両立させ，森林に対する多様なニーズに永続的に対応すべきであるとして，持続可能な森林経営が目標に掲げられた．

これを受けて，持続可能な森林経営のための具体的な基準と指標が地域ごとに定められた．なお，基準とは，持続可能な森林経営を構成する要素のことであり，指標とは，基準を計測・描写するためのものであって，その変化を比較・分析することにより，森林の取扱いが持続可能な方向に向かっているかどうかを判断するためのものである．

わが国は欧州以外の温帯林を対象としたモントリオール・プロセスに加盟しているが，そこでは 7 つの基準と 67 の指標が定められている（表 8.1）．基準の筆頭に掲げられたのは，生物多様性の保全である．木材生産活動は基準 6 に含まれている．表 8.1 からもわかるように，森林計画や森林管理においてまず第 1 に考

表 8.1 モントリオール・プロセスの基準

［基準 1］生物多様性の保全
［基準 2］森林生態系の生産力の維持
［基準 3］森林生態系の健全性と活力の維持
［基準 4］土壌および水資源の保全と維持
［基準 5］地球的炭素循環への森林の寄与の維持
［基準 6］社会の要望を満たす長期的，多面的な社会・経済的便益の維持および増進
［基準 7］森林の保全と持続可能な経営のための法的，制度的および経済的枠組み

慮すべきことは，生物多様性の保全や森林生態系の維持であり，そうした措置を行ったうえで林業活動に取り組まねばならない．したがって，GISで森林を空間解析する場合も，モントリオール・プロセスの基準をつねに念頭においておく必要がある．

8.2.5 エコトープ分析

　森林計画の作成に際して，まず最初にとりかかるべき課題は，対象となる森林空間について土地利用計画の大枠を定めることである．しかしこれがなかなか難しい．なぜなら，価値観が多様化している現代社会においては，森林に対して実に様々なニーズがあるからである．それらの多様なニーズのうちどのニーズを優先させて森林配置を決めていくかがつねに問題になるが，その場合の判断基準の1つになるのが代替性と希少性である．保護すべき区域にかわりうるほぼ同条件の区域が他にもあるかどうかというのが代替性であり，そうした区域が希少価値をもっているかどうかが希少性である．たとえば，奥山の原生的な天然林は代替性が低く希少性が高いので，最優先で保護されることになる．

　一般に，ある程度の広がりをもつ森林空間について森林配置を考えていく場合，われわれはすべての場所について十分な情報をもっているわけではない．身近で人目につくところの情報は多くなり，逆に奥山や交通が不便なところの情報は質，量ともに劣る傾向がある．そうした情報格差が存在する中で土地利用計画の大枠を決めていかねばならない．そこで，GISを応用したエコトープ分析により代替性や希少性を評価・検討する．

　景観生態学（landscape ecology）では，景観を構成する地形，地質，土壌などの無機的世界のことをフィジオトープ（physiotope）と呼び，生物的世界のことをビオトープ（biotope）と呼ぶ．そして，両者が組み合わさった単位空間をエコトープ（ecotope）という．エコトープは，地形，土壌，植生などの各要素が均一であるとみなされる区域のことであり，景観を構成する基本単位である．GISを使った景観生態学的解析では，標高区分図，傾斜区分図，方位区分図，土壌区分図，そして植生区分図などの主題図をオーバーレイ（ユニオン）したときにできる区画の最小単位をエコトープとみなしている．

　図8.1は，GISを利用して作成したエコトープ出現頻度分布図の例である．色の濃い場所ほど出現頻度が高く，代替性が高いことを示している．出現頻度が

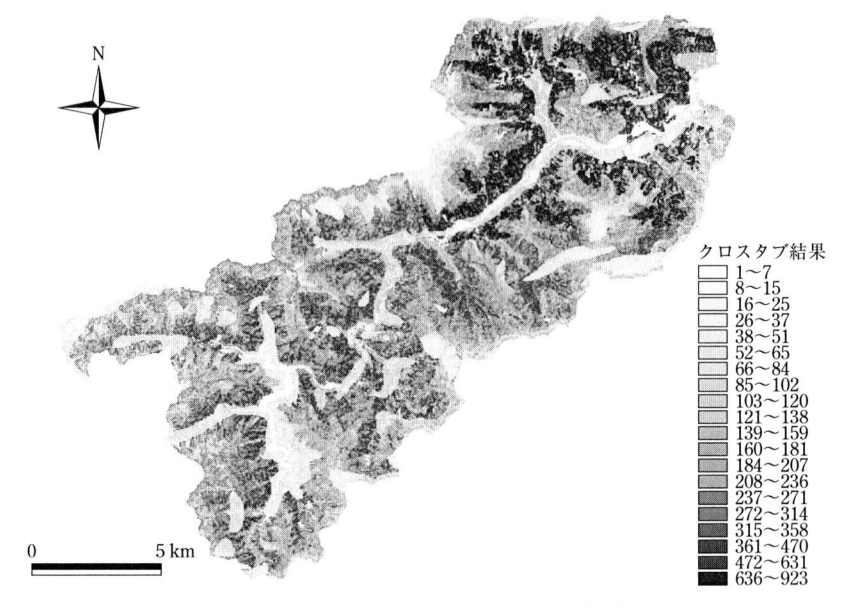

図8.1 エコトープ出現頻度分布図（三重県旧宮川村）[3]

凡例: クロスタブ結果
1〜7, 8〜15, 16〜25, 26〜37, 38〜51, 52〜65, 66〜84, 85〜102, 103〜120, 121〜138, 139〜159, 160〜181, 184〜207, 208〜236, 237〜271, 272〜314, 315〜358, 361〜470, 472〜631, 636〜923

低いエコトープは，その環境条件がその地域ではまれであり代替性が低いことを示している．代替性が低いエコトープには，その環境条件に固有な生物が生息している可能性があるため，環境保全上，取扱いに注意を要する．

なお，実際にエコトープ分析を行うときはラスタ化し，さらに，それぞれのセルがもっている情報をコード化し，それらのコードを組み合わせる．たとえば，植生図，土壌図，傾斜区分図，方位区分図の4つの主題図を使ってエコトープ分析をするときは，各主題図のカテゴリーの数が1桁の場合は，次のように組み合わせる．

組み合わせたコード
＝植生コード×1000＋土壌コード×100＋傾斜コード×10＋方位コード

8.2.6 土地選好性分析

各生物がどのような環境を選好しているかについては，ヤーコフの選好指数（Jacobs index）によって判断することができる．ヤーコフの選好指数は1974年に重言ヤーコフ（Jürgen Jacobs）により提唱された指標であり，魚類の捕食に

関する選好性を数量化したものである．いま，ある環境において魚が捕食している食物のうち，ある食物 A の占める割合を r とし，食物全体における食物 A の占める割合を P とすれば，ヤーコフの選好指数 D は次式で与えられる．

$$D = \frac{r - P}{r + P - 2rP}$$

なお，D は-1~1 の値をとり，負ならば食物 A が積極的に避けられている，正ならば食物 A が積極的に選択されていると解釈することができる．

ヤーコフの選好指数は，本来，魚の捕食に関する選好性を定量的に示す指標であるが，最近ではこれを森林計画や景観生態学の分野に応用し，植生のエコトープに対する選好性の定量的な指標とすることが多い．いま，魚を植生に置き換えると，食物に相当するものが環境条件になる．したがって，上記式における r は対象植生が成立している地域のうち，ある環境条件 A の占める面積割合であり，P は対象地域全体における環境条件 A の面積割合である．これにより，解析の対象となっている植生がその環境条件を積極的に避けているのか選択しているのかを定量的に表すことができる．あるいは，その植生が特定の環境条件に追いやられているのかどうかを定量的に表すことができる．したがって，ヤーコフの選好指数を用いることにより，特定の生物種に対する生息地ポテンシャルマップを作成することができる．

8.2.7　ハビタット評価手続き

ハビタット評価手続き（habitat evaluation procedure：HEP）は，1980 年にアメリカ魚類野生生物局によって開発された定量的生態系評価手法である．HEP は，すべての土地は野生生物ハビタット（生息地）として何らかの価値があり，その価値は 1 つの数値で指標できるという仮説に基づいて，選定した野生生物のハビタットの適性を評価するものである．

HEP では，次の 5 つの概念が順に適用される．

a．適性指数（suitability index：SI）

ある環境要因が評価対象の野生生物にとって適しているかどうかを数値で表現したものであり，まったく適さない場合をゼロ，最適の場合を 1 で示す（図 8.2）．図の横軸は，ある 1 つの環境要因の状態を示す指標であって，たとえば斜面方位であれば東西南北などの区分が横軸を構成する指標となる．適性指数

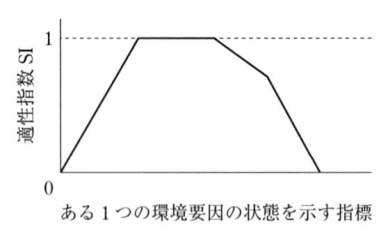

図8.2 適性指数 (SI) の概念図

(SI) 関数は，本来ならば十分な調査データに基づいて推定されるべきであるが，実務では十分なデータがそろわない場合もあり，そうした場合はBPJ (best professional judgment：専門家の判断) が用いられる．ヤーコフの選好指数 (-1~1) を 0~1 に変換したものを，SI として用いることもある．

b．ハビタット適性指数 (habitat suitability index：HSI)

その場所が評価対象の野生生物にとってハビタットとして適しているかどうかを，複数のSI に基づいて総合的に判断し，数値で表現したものである．まったく適さない場合をゼロ，最適の場合を1で示す．複数のSI からHSI を推定する方法にはいくつかの考え方がある．たとえば，SI の最小値を用いる方法，数量化Ⅰ類を適用する方法などがある．

c．平均ハビタット適性指数 (average habitat suitability index：AHSI)

対象区域全体が評価対象の野生生物にとってハビタットとして適しているかどうかを表すものであり，被覆タイプ別の面積を重みとしたHSI の平均値で示す．

d．ハビタットユニット (habitat unit：HU)

対象区域全体の適性度を「質」(AHSI) と「空間」(面積) との積で表現したものである．すなわち，HU＝AHSI×対象区域の面積．

e．累積的ハビタットユニット (cumulative habitat unit：CHU)

数十~100 年といった遠い将来に至るまでの対象区域全体の適性度を

$$CHU＝「質」(AHSI)×「空間」(面積)×「時間」$$

で表現したものである．これにより，植生の復元の違いによる差を表現することができる．CHU を用いることにより，環境アセスメントにおいて自然生態系の代償ミティゲーションを定量的に評価する場合，環境影響による生態系の損失と，代償ミティゲーションによる生態系の利益とを比較考量することができる．

8.2.8　ギャップ分析[8]

　ギャップ分析（gap analysis）とは，もともとは野生生物の実際の生息分布域と保護区域との隔たり（ギャップ）を GIS を使ってすばやく比較概観するための分析のことであり，1988 年にアメリカで始まった．今日ではもう少し広い意味で使われており，生物資源や生態系を管理するために必要な解析を生物学，生態学，地理学などを基礎として行うこととされている．ギャップ分析では，野生生物の生息分布情報，植生図，地形図，土壌図，各種気象情報図，土地所有区分図，鳥獣保護区域図などの地理情報を GIS を用いて解析し，野生生物生息地関係モデルなどの数学モデルを用いて，野生生物の保護管理水準や生物多様性の状態などを分析する．なお，種の豊かさが高い地域，あるいは高いと推定された地域はホットスポットと呼ばれ，保護体制を確立していくうえで重要な地点になる．

　ギャップ分析の特徴を一言で述べれば，それは先行型（proactive）保護策を立案するための分析であるということである．つまり，希少な動植物が減少して生物多様性が失われる前に，現時点で入手可能な情報を使って，それらの情報がたとえ不完全であったり不十分であったとしても，現在の保護状況をすばやく概観し，その結果をもとに，より有効な保護策を早め早めに講じようとするものである．言い換えると，ギャップ分析は対象となる野生生物の生息可能性をポテンシャルマップ（潜在的可能性地図）として表示し，その情報をもとに先行型保護策を立案するものである．一般に，われわれが対象地域の自然環境や森林の状態を十分に詳細に把握していることはきわめてまれであり，したがって不十分な情報をもとにポテンシャルマップを作成し，そうした結果に基づいてプロアクティブな視点から自然環境の保護・保全を進めていかざるを得ない．

8.3　GIS を応用した経済林の適地分析[7]

　持続可能な社会の構築という観点からすれば，再生可能な生物資源である森林資源を有効に利用していくことが重要であり，そのためバイオリージョン活動や森林ゾーニングにおいては経済林の適地分析は重要な位置を占める．ここでは，GIS を応用した経済林の適地分析の代表例として，林地生産力解析，林道バッファー解析を取り上げる．

8.3.1 林地生産力解析

樹木の直径成長は立木密度の影響を大きく受けるが，樹高成長は立木密度の影響をほとんど受けない．この性質を利用して，森林管理では，樹高は林地生産力の指標として使われており，地位指数が導入されている．地位指数とは，ある定められた林齢のときの上層木平均樹高で与えられる．たとえば，スギやヒノキの場合は林齢40年を基準林齢にしており，そのときの平均樹高が20 mであれば地位指数20としている．

局所的な環境要因を説明変数とし，地位指数を目的変数とする重回帰式は地位指数推定式と呼ばれている．この場合，説明変数には既存のデータベースや地図などから読み取ることができるデータを使用すると効率的である．竹下敬司(1964)[9]は空中写真と地図情報から読み取ることができるデータ，すなわち，有効起伏量，露出度，斜面形，堆積区分などから地位指数を簡便に推定する方法を考案した．竹下法と呼ばれるこの方法で使われる各種地形因子の概要は次のとおりである．

a. 有効起伏量

起伏量には複数の定義があるが，竹下法の場合は，求めようとする地点から100 mの範囲内の最高点とその地点との標高差のことと定義している．有効起伏量は地中水の大小を表す因子として取り上げられている．

b. 露出度

竹下法では，約3°の仰角で半径1 kmの周囲を見回した場合に，山で遮られずに空のみえる水平角度の合計を露出度としている．露出度は蒸発散量の大小を表す因子として取り上げられている．

c. 有効貯留容量

土層の中には粗大孔隙と粗孔隙がある．表層の粗大孔隙は降水量の土中への浸透に関して誘導路の役割を果たし，土中の粗大孔隙は排水路の役割を果たす．一方，土中に浸透した水は粗孔隙に貯留されるが，粗大孔隙網が発達しているほど，また傾斜が急なところほど排水が促進され，貯留量は減少する．

竹下法では，2万5000分の1地形図を用いて，等高線の間隔を悉皆計測することにより斜面形，堆積区分，傾斜度を求め，それらの区分別に有効貯留容量を与えている．有効貯留容量は，土層が表面流を貯留する能力の大小を表す因子として取り上げられている．

8.3.2 林道バッファー解析

　森林の主要な生産物である木材は重厚長大であって取扱いが難しく，機械や装置を利用する必要がある．近年は森林路網を高密度に開設し，林道や作業道の沿線の森林をタワーヤーダ（集材用タワーを搭載し架線に丸太をつり下げて集材する車両型機械）やスウィングヤーダ（旋回ブームを用いて架線に丸太をつり下げて集材する車両型機械；図 8.3）などの高性能林業機械を用いて収穫することが多くなった．いわゆる「道端林業」と呼ばれるものである．

　林業関係者の話によれば，一般に，間伐および枝打ちなどの育林が行われるのはせいぜい林道，作業道から 100 m の範囲内であり，収穫を目的とした伐採が行われるのはせいぜい 400 m の範囲内であるという．一方，現場でのタワーヤーダの集材距離は約 300 m であり，スウィングヤーダの集材距離は約 50 m である．これらのことから林道や作業道の沿線の森林しか伐採の対象になっていないことがうかがえる．

　GIS のバッファリング機能を用いれば林道などからの任意の等距離圏を抽出することができるので，森林の伐採搬出費などの評価に応用できる．こうした解析は林道バッファー解析と呼ばれている．図 8.4 は，三重県旧宮川村において，4 トン車が木材市場まで 1 日に 4 往復できる区域にある林道から 350 m 以内の区域の人工林をバッファリング機能を用いて抽出したものである．なお，林道バッファーの作成に際しては，バッファリングの目的をよく考えて実行しなければな

図 8.3　高性能林業機械（グラップル付きスウィングヤーダ）（提供：富山県婦負森林組合）

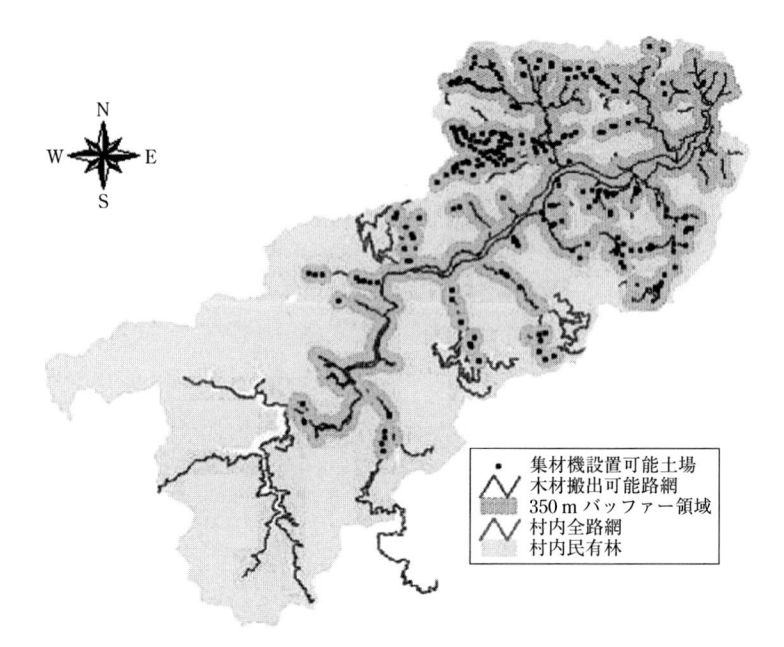

図 8.4 4トン車が木材市場まで1日に4往復できる区域にある林道から 350 m 以内のバッファー領域[3]

らない．たとえば，林道端からの集材を目的としたバッファリングを作成するときは，当然のことながらトンネルや橋，崖道などを除外しなければならない．

8.4 森林ゾーニング[3,7]

8.4.1 森林ゾーニングと GIS

2001（平成13）年7月に成立した森林・林業基本法，および同年10月に策定された森林・林業基本計画により，わが国の森林は重視する機能に応じて「水土保全林」「森林と人との共生林」「資源の循環利用林」の3つに区分（ゾーニング）されることになった．いわゆる森林ゾーニングの始まりである．しかし，ここではもう少し広い意味で森林ゾーニングをとらえることにする．

森林をゾーニングする目的は，森林を生態系として管理するため，持続的な森林経営を行うため，森林の公益的な機能をより適切に発揮させるため，森林情報を社会で共有するため，地域としての方針や政策を明示するため，そして森林を

開発などから守り次世代に引き継いでいくためなどである．したがって，森林ゾーニングを実施するには総合的，学際的なものの見方が必要となる．しかし，多種多様な自然を対象として空間解析を実行し，それに人と自然との共生関係や経済林に関する社会的・経済的要因を加味していくことは至難のことである．総合化という点では，データベースの構築やコンピュータによる支援が必要になり，また学際化という点では，利害関係者も含めて広範な分野からの専門家の参画と関連情報の共有が必要になる．このように森林ゾーニングを進めていくためには，コンピュータによる解析支援と情報の共有化が必須の条件となるが，こうした期待に応えてくれるコンピュータシステムが，現代社会においてはGISである．

8.4.2 樹形図による森林ゾーニング

　実際に森林をゾーニングしようとすると，森林に関する様々な情報が必要になる．特に最近は持続可能な森林経営が人類の共通目標になっており，モントリオール・プロセスの基準などにみられるように，生物多様性の保全にも配慮した森林管理が求められている．また，国内においてはクマ，シカ，サル，イノシシなどによる農林業被害も増加しており，人と自然の共生は大きな問題になっている．地域住民や都市住民からの要望としては，水資源の涵養，土砂災害などの防止，レクリエーション機能の充実などが求められている．

　森林をゾーニングしていく手順は，まず，その地域の自然環境の現状と歴史について関係者の間で情報を共有することから始まる．森林GISはデータベースとして，また情報を共有するためのツールとして重要な役割を果たす．次に，おのおのの森林について，森林GISの解析結果などを参考にして重視すべき機能を客観的に評価し，その地域における問題点の所在を明らかにする．そして，それらの結果を踏まえて地域の目標を定め，具体的なゾーニング作業に取りかかる．その際よく用いられるのが樹形図法である．

　樹形図法とは，図8.5のように，森林ゾーニングにおける優先順位を樹形図で表しておき，この樹形図に従って森林を順次ゾーニングしていくものである．筆者らが三重県旧宮川村で実施した森林ゾーニング（図8.6）では，GISの解析結果に基づいて，小班を単位として，樹形図を用いて各森林が区分の対象となる属性を有しているか否かで順次判定していった．樹形図を用いた理由は，ゾーニ

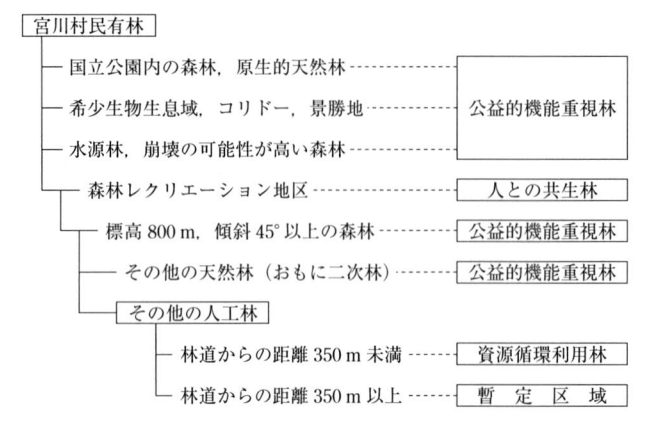

```
宮川村民有林
├─ 国立公園内の森林，原生的天然林 ………… ┐
├─ 希少生物生息域，コリドー，景勝地 ………  公益的機能重視林
├─ 水源林，崩壊の可能性が高い森林 …………  ┘
├─ 森林レクリエーション地区 ………………  人との共生林
├─ 標高 800 m，傾斜 45°以上の森林 …………  公益的機能重視林
├─ その他の天然林（おもに二次林）…………  公益的機能重視林
└─ その他の人工林
    ├─ 林道からの距離 350 m 未満 ………  資源循環利用林
    └─ 林道からの距離 350 m 以上 ………  暫 定 区 域
```

図 8.5 森林ゾーニングに用いた樹形図の概要（三重県旧宮川村）[3]

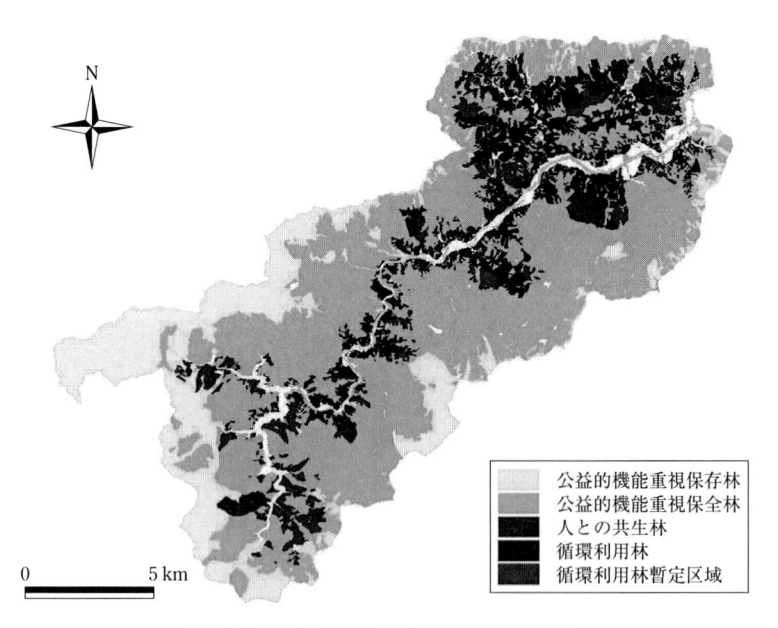

図 8.6 森林ゾーニング図（三重県旧宮川村）[3]

凡例：
- 公益的機能重視保存林
- 公益的機能重視保全林
- 人との共生林
- 循環利用林
- 循環利用林暫定区域

グの趣旨を理解しやすく選別作業がしやすいとともに，地域住民にも説明がしやすいからであった．住民参加型の森林計画では，こうした樹形図を定めることが合意形成の目標となる．いったん樹形図が決定されれば，あとは機械的な作業に

より森林ゾーニングを進めていくことができるからである．GIS は森林経営の透明性を高めるとともに，説明責任を果たすツールとして必要不可欠なものである．

8.4.3 自然環境データの整備のあり方について

最後に，森林情報も含めた自然環境データの整備について一言述べておく．高度情報化社会の現代にあっては，自然環境情報を統合化し一元的に管理することができるデータベースを構築しようとするのは自然の流れである．しかしながら，データの更新体制が整備されていなければやがて頓挫することは目にみえている．よく考えてみると，データベースがうまく運営されている事例は，ほとんどの場合，現場での日常業務の中でデータ入力が行われているシステムである．ひるがえって森林管理の現状をみてみると，日常業務の中でデータの更新ができる体制になっているところはきわめて少ない．さらによく考えてみると，森林ゾーニングに関係するデータの中で，リアルタイムで更新されることが必要となるデータは意外に少ないのではないかと思われる．多くの場合，年に一度の更新でも十分であろう．そのように考えると，データベースの構築よりもむしろ GIS を構成する各種のレイヤデータを整備していくことの方が優先度が高いと思われる．GIS では各レイヤに属性テーブルが対応する構造になっており，属性テーブルにおけるデータ項目の内容や配列はレイヤごとに異なっている．しかし，そのようなデータの持ち方であっても，データの検索にはさして支障はない．森林ゾーニングを行うにあたって当面必要になるのは，データベースではなく質の高いレイヤデータである．したがって，現場の事情に精通している森林組合や NPO などの協力のもとに，まずは質の高いレイヤデータを完成させていくことが急務であると考えている．そうした意味において，神奈川県で行われた丹沢大山総合調査[10]は高く評価される． ［田中和博］

引 用 文 献

1) 木平勇吉ほか（1998）：森林 GIS 入門―これからの森林管理のために―，100p，日本林業技術協会．
2) 田中和博（2003）：森林 GIS とは．林業技術，**732**：12-21．
3) 木平勇吉編著（2003）：森林計画学，228p，朝倉書店．
4) 田中万里子（2006）：森林情報学入門 森林情報の管理と IT の活用，134p，東京農業大学

出版会.
5) 松村直人編著 (2007)：GIS と地域の森林管理, 201p, 全国林業改良普及協会.
6) 田中和博 (2000)：バイオリージョン研究と GIS. システム農学, **16**(2)：109-116.
7) 田中和博 (2005)：森林ゾーニングにおける GIS の応用と今後の課題. 森林科学, **43**：18-26.
8) 吉田剛司・田中和博 (1998)：ギャップ分析 生態系管理のための GIS. 森林科学, **24**：52-55.
9) 竹下敬司 (1964)：山地の地形形成とその林業的意義. 福岡県林試時報, **17**：1-109.
10) 丹沢大山総合調査情報整備審査チーム (2006)：アトラス丹沢第二集, 50p, 丹沢大山総合調査実行委員会.

9 海洋と GIS

9.1 海洋における GIS の利用

　地理情報システム（GIS）が，1960年代に陸域から発達してきたことは周知の事実であるが，地球表面の70％以上を占める海洋に本格的に地理情報システムの応用が始まったのは1990年代からである．1970年代，1980年代と海洋データ収集技術が発達し，1990年代にはデータと情報が爆発的に増加した．その結果，海洋データの管理，解析，可視化などへの GIS 利用の必要性が認識されるようになった[1,2]．海洋の情報は，陸域の情報のように空間的に密ではない．時間軸についても，陸域の場合は数カ月や数年の単位でも変化しないと考えて差し支えないが，海洋の動きは時々刻々変化してダイナミックである[3]．その意味でも，リアルタイム性を要求され，Web-GIS や onboard-GIS の利用も必要となる．そのデータベースとして，海洋リモートセンシングデータはデジタルデータかつラスタデータであることから，GIS へ取り込む海洋環境情報として不可欠のものとなっている[4]．さらに，2次元ではなく3次元で解析する必要があり，時間を加えて4次元[5]となる．海洋環境を調査するための技術として GIS は必要不可欠な道具となり，海洋 GIS（marine-GIS）には，従来のブイ・船舶海洋観測データに加えて，海洋リモートセンシングデータの環境空間情報としての価値が注目されている．また，鉛直方向へのセンシングとして音響リモートセンシングも統合的な利用が期待されている．海上の船舶での利用を考えると GPS 情報を海洋 GIS へ取り込むことも不可欠である．このように，海洋 GIS はインターネットのような通信技術とともに，GPS，リモートセンシング，モデリング，画像処理，空間解析技術などを含む統合的なシステムである（図9.1）[4]．

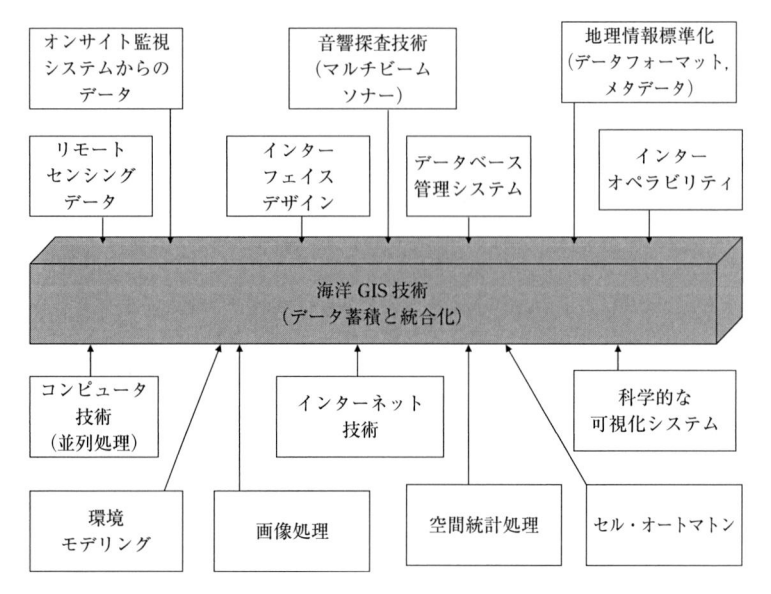

図 9.1 海洋 GIS 技術に関連する周辺要素技術（Valavanis, 2002[4]）を一部改変）

これまで陸域中心に発展してきた陸域 GIS と海洋 GIS との違いは，
① 4 次元（x, y, z, t）の地理情報システムである
② 海洋現象はダイナミックである
③ 海洋リモートセンシングとモデリングの統合化のツールである
④ リアルタイム利用のためにネットワーク活用が必要である
などがあげられる．

9.2 海洋観測と海洋データの種類

海洋学は，もともとは調査船による探検的な観測が始まりであり，1940 年代までは学際的な科学であった．それ以降 20～30 年間は物理学，化学，生物学，地学のそれぞれの海洋学として発達した．そして，1970 年代後半から 1980 年代前半にかけて，沿岸湧昇や ENSO（El Niño/Southern Oscillation）イベントなどの物理学，生物学，化学の各パラメータの総合的な解析が必要になり，学際的なサンプリング，解析，モデリングの重要性が認識されるようになった[6]．同時

9.2 海洋観測と海洋データの種類　　　137

に，海洋の多次元データの量の増加とともに，海洋 GIS の必要性も増加した．

海洋 GIS を考えるときに，観測データ収集の計画や実施が重要な課題であり，次のことを考慮する必要がある．

・観測方法
・観測プラットフォーム
・観測センサ
・観測範囲
・観測対象
・観測時間
・観測間隔

9.2.1 プラットフォームと観測の時空間スケール

図 9.2 に観測方法，プラットフォーム，センサの一般的な例を示した[7]．各種

図 9.2　海洋観測方法とプラットフォーム（Dickey *et al*., 2006）[7]

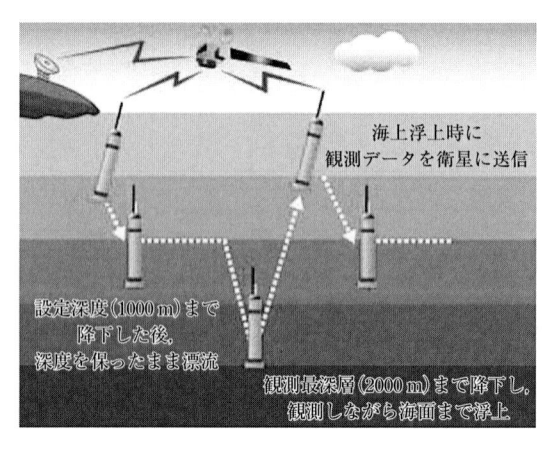

図9.3 ARGOブイの動作サイクル概念図[10]

海上浮上時に観測データを衛星に送信

設定深度(1000m)まで降下した後,深度を保ったまま漂流

観測最深層(2000m)まで降下し,観測しながら海面まで浮上

プラットフォームによる観測は，宇宙からの衛星リモートセンシング観測[8]，海上上空からの航空機観測，海上の船舶観測，水中での各種ブイ観測，水中ロボット観測，表層の流れを測定する海洋短波レーダ観測（陸上設置型リモートセンシング）[9]などがある．船舶観測に，CTDなどによる鉛直観測，水中を上下に移動しながら水温，塩分，蛍光などを観測できる曳航体による観測が含まれる．ブイ観測には，ある地点に固定する係留ブイ観測と，移動しながら観測する漂流ブイ観測がある．漂流ブイの中でも，上下に表面から約2,000mまで鉛直観測しながら漂流するARGOブイシステム（図9.3）は，最新の技術であり，全世界にすでに3,000個のARGOブイの観測網ができている（図9.4）．水中ロボット観測には，船上から操作して観測する手動捜査型（remotely operated vehicle：ROV）とあらかじめ観測経路をプログラミングして観測する自動捜査型（autonomous underwater vehicles：AUV）がある．AUVでは3次元の海洋観測データが取得できる．

各種プラットフォームの中で，船舶観測とブイ観測の時空間分布の特徴を図9.5に示した．衛星観測は2次元データの時系列スナップショットとして利用でき，係留ブイ観測はある地点でポイント情報として時間軸ではより詳細なデータで利用できる．船舶観測や漂流ブイ観測は，つねに観測地点を移動しながら，ポイントまたはポイントで鉛直的なデータを利用できる．

海洋中の生物現象，物理現象の時空間スケールと観測の時空間スケール特性を

9.2 海洋観測と海洋データの種類

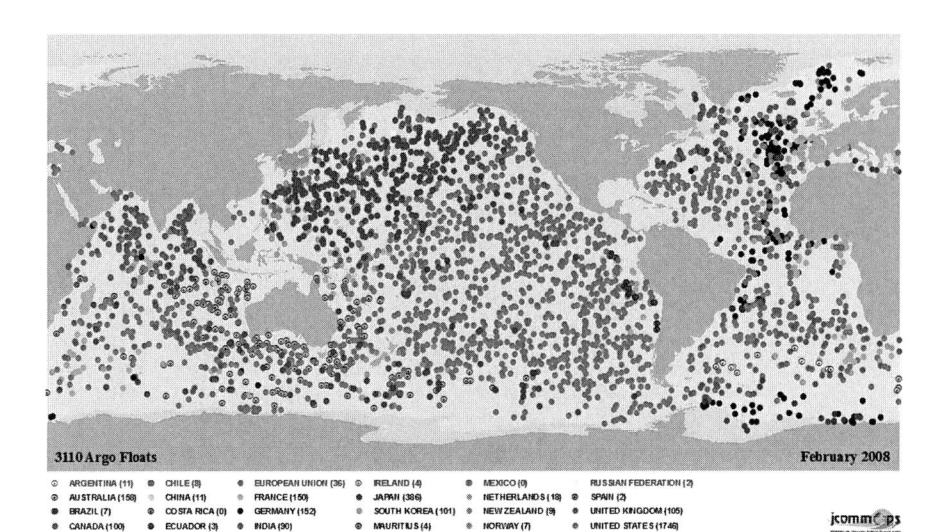

図 9.4 ARGO ブイの全世界分布図[11]

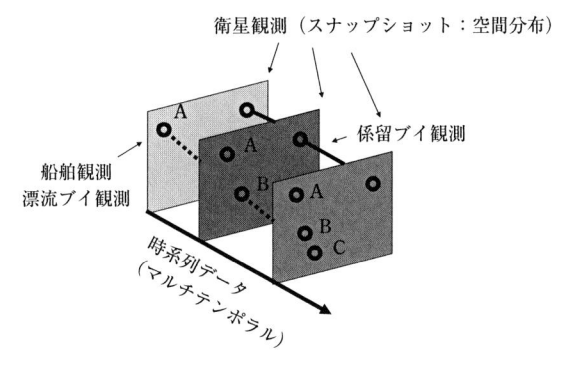

図 9.5 衛星観測，船舶観測，ブイ観測の時空間分布特性

考えると図 9.6 のようにまとめることができる[12,13]．生物分布では，バクテリア，植物プランクトン，動物プランクトン，魚類，さらには鯨類，海棲哺乳類の順で，時空間スケールが大きくなる．物理現象では，日単位から数日，数 km スケールの潮汐現象，数〜10 日間，10〜数十 km スケールの海洋前線（潮目），1〜数カ月，100〜200 km スケールの中規模渦，3〜7 年周期，赤道海域を含む 1,000 km 以上スケールのエルニーニョ現象などが代表的なものである．衛星観測は，海洋前線より大きなスケールの現象を 2 次元的かつ時系列的に観測するこ

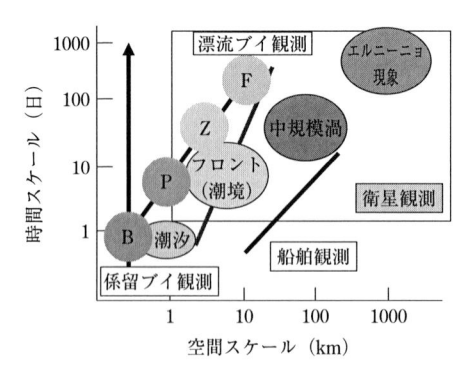

図 9.6 生物現象と海洋現象の時空間スケール概念 (Steele *et al*., 1994；Hofmann and Lascara, 1998[12,13]) を一部改変)
F：魚類，Z：動物プランクトン，P：植物プランクトン，B：バクテリア．

とに適している．船舶観測は点をつないだ線の観測になる．漂流ブイ観測は，船舶同様に線の観測であるが時間解像度が高い．係留ブイ観測は点の観測であるが，時間的に連続した観測が可能である．

9.2.2 海洋データの種類

　衛星，船舶，ブイなどによる海洋観測データ，海洋循環や海洋生態系のモデリングデータを，ArcGIS のような汎用のソフトウェア上で使用することを念頭に分類すると図 9.7 のようになる（Arc Marine データ)[14]．大きく分類すると，ベクタデータ（ポイントデータ，ラインデータ，エリア（ポリゴン）データが含まれる），ラスタ/グリッド/メッシュデータ，動画，ビデオなどの派生（プレイスホルダー）データの 3 つになる．

　ベクタデータのうちのポイントデータとしては，マーカーブイなどの特徴点データ，CTD などの瞬間値のポイントデータ，バイオテレメトリーや目視データなどのポイントデータの時系列データ，その他スキューバダイビングのポイント観測，シングルビームによる測深データが含まれる．ラインデータには，CTD の鉛直方向の観測データ，航跡（時系列のラインデータ），EEZ 線や境界線，抽出した海洋前線などの特徴ラインデータ，海岸線などの GIS マップのベースデータがある．

9.2 海洋観測と海洋データの種類　　141

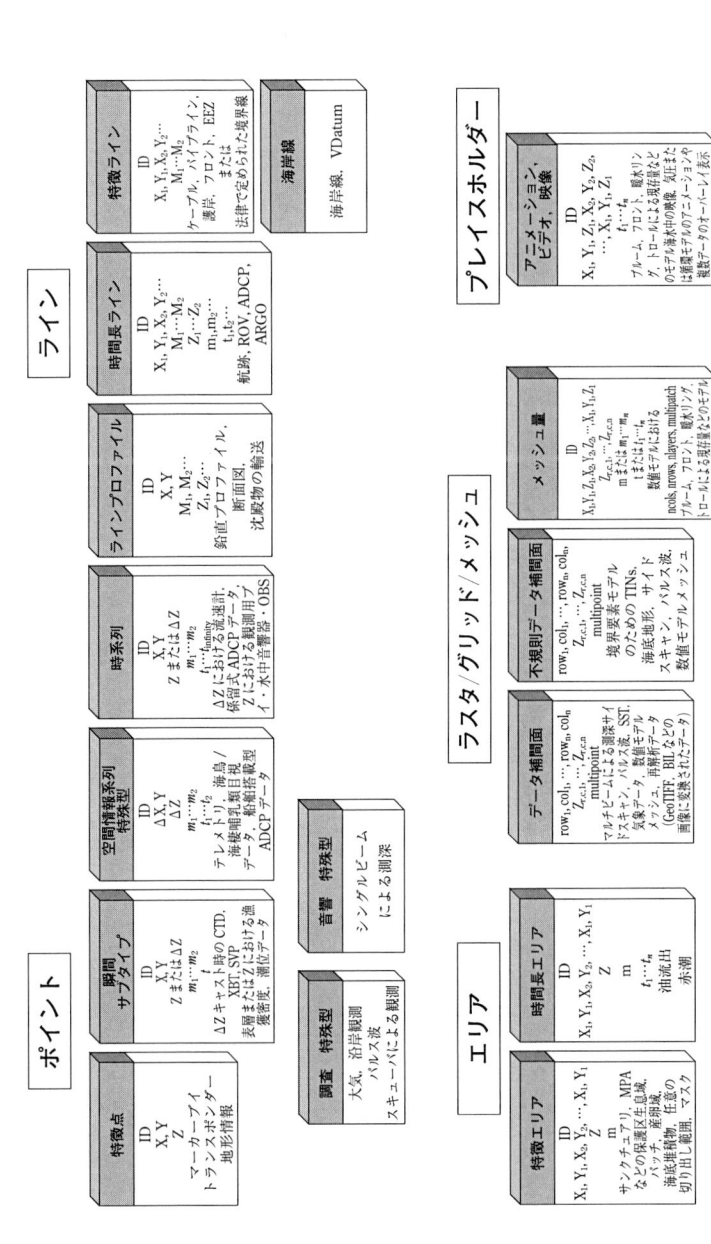

図 9.7　普遍的な海洋 GIS データの分類 (Lubchenco *et al.*, 2007)[14]

〈略語説明〉
ADCP（acoustic doppler current profiler）…超音波ドップラー流速計
ARGO（array for real-time geostrophic oceanography）…自動浮沈型中層漂流フロートによる海洋自働観測システム
BIL（band interleaved by line）…リモートセンシング分野でみられるイメージデータフォーマット
CTD（conductivity temperature depth profiler）…電気伝導度，温度，圧力を観測する海洋観測装置
EEZ（exclusive economic zone）…排他的経済水域
GeoTIFF…TIFF に地理情報を付加したイメージデータフォーマット
LIDAR（light detection and ranging）…ライダー（レーザ光を用いたレーダー）
MPA（marine protected area）…海洋自然保護区
OBS（ocean bottom seismograph）…海底地震計
ROV（remotely operated vehicle）…水中カメラロボット
SST（sea surface temperature）…海面水温
SVP（sound velocity profile）…音速計測機
TIN（triangulated irregular network）…三角網によって補間データを作成する方法（不規則三角形網）
U/W（under water）…水面下
VDatum（vertical datum）…鉛直基準面

図 9.7　普遍的な海洋 GIS データの分類（続き）

エリアデータとしては，海洋保護区（MPA），海洋生物の生息域，産卵域，プランクトンパッチなどの特徴エリア，油流出域や赤潮などの時系列の特徴エリアが考えられる．

ラスタ/グリッド/メッシュデータとしては，マルチビームによる測深データ，衛星による海面水温（SST）分布やクロロフィル a 濃度分布データ，数値モデルのメッシュデータなどの面データ，さらにはプルームや暖水渦などの体積の量を表すデータが含まれる．

最後に，派生データとして，衛星画像のアニメーションやモデリングの解析データのアニメーション，ROV などによる海中の映像，多次元データのオーバーレイ表示データなどが含まれる．

このように 4 次元データ（x, y, z, t）を従来の ArcGIS へ導入できるように海洋の GIS データとして扱うことが不可欠になる．海洋 GIS で注意すべきことは，生物現象であるプランクトンパッチ[15]は不連続性があり，その空間スケールを考慮せずに物理データのように外挿や内挿手法を応用すると現実の分布とは異なるデータを作成することになる点である．

9.3 海洋GISの応用分野

海洋と沿岸域のためのGISに関する教科書[1]や海洋GIS関連の書籍[14,16,17]を参考に沿岸域と沖合域・外洋域に区別して応用分野を紹介する．

9.3.1 沿　岸　域

沿岸域への海洋GISの応用は，沿岸域の陸域を含む場合は陸域GISの延長上にあり，どちらかというとスタティックな海洋GISである．沿岸域管理は最も重要な応用分野であり，海洋保護区（MPA）管理や沿岸域防災（津波，エロージョン）があげられる．

ハワイのモロカイ島でのマングローブ分布のマッピングと管理に対し，航空写真（1 m），衛星データのASTER（advanced spaceborne termal emission and reflection radiometer）画像（30 m），航空機AVIRIS（airborne visible/infrared imaging spectrometer）ハイパースペクトル画像（17 m）を用いた研究がある[18]．ASTAR画像が最も経済的に効率のよいことが示され，衛星リモートセンシングの活用が期待できる．

沿岸域でのエロージョンなどの地形的な災害についても，航空機レーザ観測データと歴史的な航空写真を用いて，エロージョンの変化を追跡した例がある[19]．

その他に沿岸域の海洋生物資源に関連した海洋GISの応用例として，増養殖場適地推定と管理[20]，増養殖場の生産環境モニタリング[21]，赤潮モニタリング[22]，藻場調査などがある．特に，増養殖場の持続可能な管理は，社会科学的な要素も含めて，今後の食料問題の観点からも海洋GISの応用分野として最も重要である．

9.3.2 沖合域・外洋域

沖合域および外洋域における海洋GISの応用例は，沿岸域と比較するとまだ例は少ない．しかし，沿岸域に比較して空間スケール，時間変動ともに大きいのでダイナミックである．

海洋環境モニタリングの例として，全球のSeaWiFS（Sea-viewing Wide Field-of-view Sensor）クロロフィルa濃度画像にセミバリオグラム解析を行い，低緯度域と高緯度域との空間特性を明らかにした研究がある[23]．この研究で

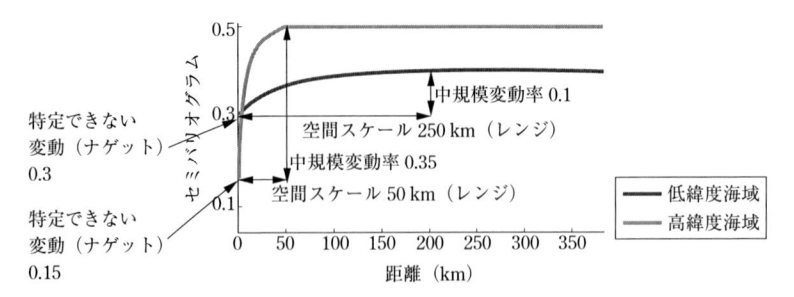

図9.8 セミバリオグラム解析による低緯度域と高緯度域のクロロフィルa濃度分布空間特性 (Doney et al., 2003)[23]

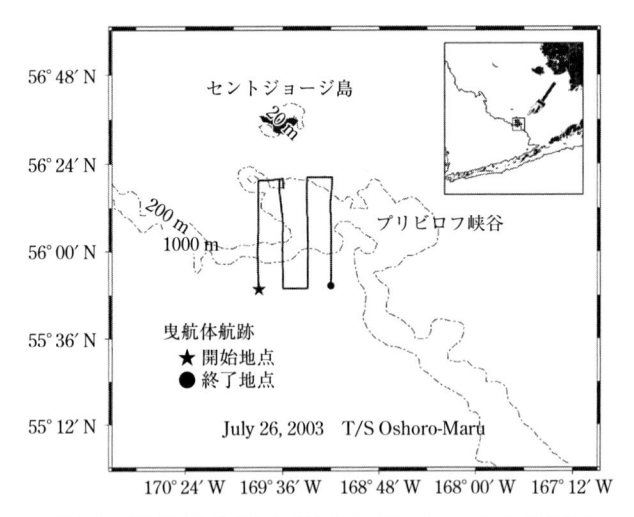

図9.9 曳航体による3次元観測航跡 (Mizobata et al., 2008)[24]

は，結論として，低緯度域では250km程度は分布パターンに連続性があるが，高緯度域ではたかだか50kmと，低緯度域の1/5であることが示された（図9.8）．曳航体による観測結果を利用した海洋環境の3次元マッピングの例がある[24]．この研究では，ベーリング海の陸棚斜面域における中規模渦が陸棚方向へ高栄養塩水塊を運び，基礎生産へ寄与している様子が示された（図9.9, 9.10）．

外洋域で生物分布と海洋環境との関係を明らかにするために，バイオテレメトリーデータと衛星リモートセンシングデータを組み合わせて利用した研究がある．この海洋生物の回遊調査の例としては，ウミガメ[25]や鯨類[26]が中心である．海洋生物資源管理への海洋GISの応用として，衛星リモートセンシングデータ

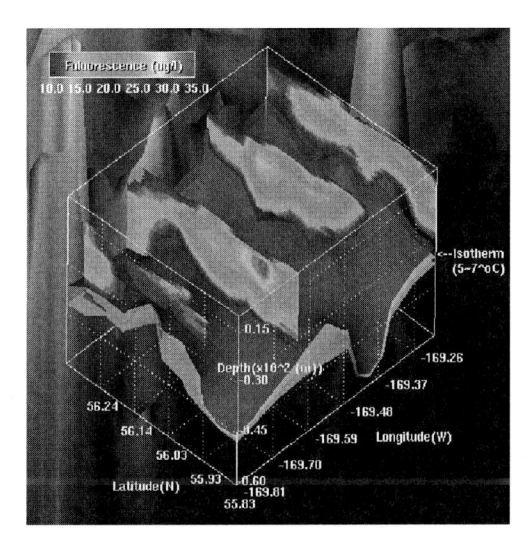

図 9.10 等温度（5～7℃）および高蛍光値水塊の3次元構造（Mizobata et al., 2008）[24]

と気候値データを利用したスルメイカの産卵場推定[27]や，夜間可視画像を利用して漁船分布特性から回遊経路を推定[28]した例がある．陸棚域生息域マッピングは，音響探査技術を利用して海底地形や底質を探査し，それらのデータを主成分分析した結果を多次元データとして分類する方法を用いた例がある[29]．

9.4 今後の課題

米国のオレゴン州では，海洋 GIS が地域社会の生物の多様性保全や資源管理に具体的に利用され始めている[30]．GIS データベース作成に市民参加型の試みも行われている．わが国でも，日本海におけるロシア船ナホトカ号からの重油流出事故（ナホトカ事故）の際に Web-GIS を地図とリンクさせ，関係者，NPO，NGO および市民への連絡用情報掲示板として利用した例がある[31]．このように，単にサイエンスとしての海洋 GIS を超えて，実利用へと発展している．

Meaden（2004）[32]は，GIS 応用に関わるおもな挑戦，すなわち①知的・理論的挑戦，②実用的・組織的挑戦，③経済的挑戦，④社会・文化的挑戦について概観し，情報の配信と共有化や新しい GIS プログラムの発展の必要性を述べてい

る．Meaden（2004）[32] が指摘するように，まだまだ挑戦すべき課題は多く，それらが克服されなくてはならない．最も大きな挑戦は，単に GIS の方法論や技術を発展させることだけではなく，それらが，地球規模の気候変動に応答する海洋生態系を基本とした資源管理手法の開発や持続可能な海洋生物資源の利用など，人類の生存に関わる食料政策や安定した産業経営に役立つことである．

　XML（eXtensible Markup Language）や OPeNDAP（Open-source Project for a Network Data Access Protocol）などの GIS 技術の空間情報ツールとしての国際規格化も進んでいる．現在は Google Earth で用いられている KML[*1] フォーマットも GIS フォーマットとして認められ，ArcGIS へも Shape ファイルと同様に標準ファイルとして取り込んだり，作成したりすることができるようになっている．実際に Google Earth 上で船舶の航跡を海面温度画像にオーバーレイしたものを図 9.11 に示した．このように，衛星リモートセンシングデータは日常的に利用できる．現在利用可能な海面水温，クロロフィル a 濃度，海面

図 9.11　海洋情報の Google Earth 上でのオーバーレイ（船舶の航跡＋海面温度画像）

[*1] KML（Keyhole Markup Language）は，Google Earth や Google Maps に表示するポイント，線，イメージ，ポリゴン，およびモデルなどの地理的特徴をモデリングして保存するための XML 文法および XML ファイル形式である．

高度に加えて，新たに海面塩分が観測可能[33]となり，水循環や海洋変動のモニタリングへ応用されている．

衛星リモートセンシングは海洋 GIS の基本データベースとしてますます不可欠となり，データ同化技術と結びつき[6]，よりリアルタイムな形で活用するようになっていくものと思われる． [齊藤誠一]

引 用 文 献

1) Wright, D. J. and Bartlett, D. (1999): *Marine and Coastal Geographical Information Systems*, 320p, Taylor & Francis.
2) Manley, T. O. and Tallet, J. A. (1990): Volumetric visualization: An effective use of GIS technology in the field of oceanography. *Oceanography*, **3**: 23-29.
3) 柴崎亮介 (1995): 第4章 M-GIS 整備の方向性. 広域総合海洋観測における高精度データ収集システムの調査 (2) 報告書: 117-134, 平成6年度海洋科学技術センター委託, 三菱総合研究所.
4) Valavanis, V. (2002): *Geographic Information Systems in Oceanography and Fisheries*, 207p, Taylor & Francis.
5) Levy, M. *et al.* (2005): A four-dimensional mesoscale map of the spring bloom in the northeast Atlantic (POMME experiment): Results of a prognostic model. *Journal of Geophysical Research*, **110**: C07S21, doi: 10.1029/2004JC002588.
6) Dickey, T. (2003): Emerging ocean observations for interdisciplinary data assimilation systems, *J. Mar. Syst.*, **40-41**: 5-48.
7) Dickey T. *et al.* (2006): Optical oceanography: Recent advances and future directions using global remote sensing and in situ observations. *Rev. Geophys.*, **44**: RG1001, doi: 10.1029/2003RG000148.
8) Robinson, I. S. (2004): *Measuring the Oceans from Space*, 669p, Springer.
9) Paduan, J. D. and Cook, M. S. (1997): Mapping surface currents in Monterey Bay with CODAR-type HF radar. *Oceanography*, **10**(2): 49-52.
10) 海洋研究開発機構 (JAMSTEC).
 http://www.jamstec.go.jp/J-ARGO/overview/overview_3.html
11) JCOMMOPS.
 http://wo.jcommops.org/cgi-bin/WebObjects/Argo.woa/map?filemaker=status
12) Steele, J. H., Henderson, E. W., Mangel, M. and Clark, C. (1994): Coupling between physical and biological scales [and Discussion]. *Phil. Trans. R. Soc. Lond. B*, **343** (1303): 5-9.
13) Hofmann, E. E. and Lascara, C. M. (1998): Chapter 19. Overview of interdisciplinary modeling for marine ecosystems. *The Sea, Vol. 10, Ideas and observations on Progress in the Study of the Sea* (Brink, K. H. and Robinson, A. R., eds.), pp. 507-540, John Wiley & Sons.
14) Lubchenco, J. *et al.* (2007): *Arc Marine: GIS for a Blue Planet*, 202p, ESRI Press.

15) Solow, A. R. and Steele, J. H. (1995) : Scales of plankton patchiness : Biomass versus demography. *Journal of Plankton Research*, **17**(8), 1669-1677.
16) Wright, D. J. (2002) : *Undersea with GIS*, 253p, ESRI Press.
17) Breman, J. (2002) : *Marine Geography : GIS for the Oceans and Seas*, 204p, ESRI Press.
18) D'iorio, M. et al. (2007) : Optimizing remote sensing and GIS tools for mapping and managing the distribution of an invasive mangrove (*Rhizophora mangle*) on South Molokai, Hawaii. *Marine Geodesy*, **30**(1) : 125-144.
19) Miller, P. et al. (2007) : A robust surface matching technique for integrated monitoring of coastal geohazards. *Marine Geodesy*, **30**(1) : 109-123.
20) Kapetsky, J. M. and Aguilar-Manjarrez, J. (2007) : *Geographic Information Systems, Remote Sensing and Mapping for the Development and Management of Marine Aquaculture*, 125p, FAO Fisheries Technical Paper.
21) Muzzneena, A. M. and Saitoh, S.-I. (2008) : Observations of sea ice interannual variations and spring bloom occurrences at the Japanese scallop farming area in the Okhotsk Sea using satellite imageries. *Estuarine, Coastal and Shelf Science*, **77** : 577-588.
22) Tan, C. K., 石坂丞二 (2004) : GISと海色衛星の赤潮モニタリングへの応用. 月刊海洋, **36**(5) : 376-379.
23) Doney, S. C. et al. (2003) : Mesoscale variability of Sea-viewing Wide Field-of-view Sensor (SeaWiFS) satellite ocean color:Global patterns and spatial scales. *Journal of Geophysical Research*, **108**(C2) : doi : 10.1029/2001JC000843.
24) Mizobata, K. et al. (2008) : Summer biochemical enhancement in relation to the mesoscale eddy at the shelf break in the vicinity of the Pribilof Islands. *Deep-Sea Research, Part II* : doi : 10.1016/j.dsr2.2008.03.002, (in press).
25) Polovina, J. J. et al. (2000) : Turtles on the edge : Movement of loggerhead turtles (*Caretta caretta*) along oceanic fronts, spanning longline fishing grounds in the central North Pacific, 1997-1998. *Fisheries Oceanography*, **9** : 71-82.
26) Doniol-Valcroze, T. et al. (2007) : Influence of thermal fronts on habitat selection by four rorqual whale species in the Gulf of St. Lawrence. *Marine Ecology Progress Series*, **335** : 207-216.
27) Sakurai, Y. et al. (2000) : Changes in inferred spawning sites of *Todarodes pacificus* (Cephalopoda : Ommastrephide) due to changing environmental conditions. *ICES Journal of Marine Science*, **57** : 24-30.
28) Kiyofuji, K. and Saitoh, S.-I. (2004) : Detection of possible Japanese common squid (*Todarodes pacificus*) migration routes in the Sea of Japan from nighttime visible images. *Marine Ecology Progress Series*, **276** : 173-186.
29) Lanier, A. et al. (2007) : Seafloor habitat mapping on the Oregon Continental Margin : A spatially nested GIS approach to mapping scale, mapping methods, and accuracy quantification. *Marine Geodesy*, **30**(1) : 51-76.
30) Wright, D. J. et al. (2005) : *Place Matters : Geospatial Tools for Marine Science, Conservation, and Management in the Pacific Northwest*, 305p, Oregon State Univer-

sity Press.
31) 後藤真太郎（2004）：Web-GIS の最前線．月刊海洋，**36**(5)：355-359.
32) Meaden, G. F. 著，清藤秀理・齊藤誠一訳（2004）：GIS 利用による水産海洋学への挑戦．月刊海洋，**36**(5)：340-345.
33) Lagerloef, G. *et al.* (2008)：The Aquarius/SAC-D Mission：Designed to meet the salinity remote-sensing challenge. *Oceanography*, **21**：68-81.

10 水循環とGIS

10.1 水循環とは

われわれの生活になくてはならない水，時には災害を引き起こす水の特徴は循環していることである．このような自然界における水の循環を水文学的循環 (hydrologic cycle) あるいは水循環と呼んでいる．水は化石燃料と異なり，人間が人為的に水循環を強化しながら，その中からうまく水を取り出してやれば持続して利用することも可能である．しかし，循環している量以上に利用すると，利用を続けることはできなくなる．地下水位は低下し，河川は断流し，湖は縮小する．また，水は汚してしまうと使えなくなる．それゆえ水の豊富な地域でも水不足問題は発生しうるのである．

水循環は地球を閉鎖系（クローズドシステム）ととらえ，その中で水が様々な形態（液相，固相，気相）をとりながら，また様々な時間をかけて，そのサブシステム（雪氷，河川水，地下水，湖沼など）を通過する一連の循環ととらえることもできる．水循環の場は地球全体であるが，そのイメージは時代とともに変遷があったように思われる．

地球環境問題が注目されるようになる以前では，水循環は流域における水循環として扱われることが多かった．これは水循環を扱う水文学が実用科学としての側面ももっており，地域の人間と水の関係を扱うのに適したスケールが流域であるからである．現在においても，流域を単位として河川管理などの施策を行うべきであるとする考え方がますます強くなってきている．この循環スケールを水文中循環と呼ぶことができる．

1972年のストックホルム会議（国連人間環境会議）を契機として，その後の

10.1 水循環とは

リオデジャネイロサミット（1992年），ヨハネスブルクサミット（2002年）と続く流れの中で，地球環境問題は人類が直面する喫緊の課題とされた．特にリオデジャネイロサミット以降は地球温暖化に伴う気候変動に関心が高まったことから，水循環は地球スケールの大気中の水蒸気循環の意味合いが強くなってきた．このような地球スケールの循環は水文大循環と呼ぶことができる．

一方，人間の居住環境がますます都市に集中するようになり，都市における水利用が近代社会における重要な問題になってきた．都市における水利用と排水のシステムを都市水代謝と呼び（丹保・丸山編，2003）[1]，水文小循環として位置づけることができる．

このように，水循環はその重要な観点によって3つの空間スケールに分けて考えると便利である．地球規模の気候変動を考えるときには水文大循環を考え，地域における人の生活を重視するときには水文中循環の観点で水循環をとらえ，近代都市の機能を考えるときは水文小循環の観点から水循環を扱うことができる．もちろん，水循環は地球表層で一連のものであるが，グローバルとローカルの関係を考えるときは，各空間スケールごとの重要な観点を意識して，階層的に扱うことが重要である．なぜなら，水は単なる H_2O ではなく，地域の特徴，すなわち地域性に応じて存在し，循環している地域の水でもあるからである．だからこそ，空間を扱う GIS が重要な解析ツールとなるのである．

水は世界の中で偏在し，地域性に応じてそれぞれの地域において特徴的な循環をしている．したがって，水問題を議論するためには地域の特性の理解が何よりも重要である．一方，昨今のグローバル化の波の中で，地域の水問題も世界のコンテクストの中で議論する必要性が生じてきた．そのためには空間と時間の枠組みを構築し，その中に地域の問題を位置づけたうえで関連性を検討する必要がある．ここにも GIS による情報集積の意義がある．

空間情報として水循環に関する情報を収集する目的は大きく分けて2つのトレンドがある．ひとつは気候変動予測のための水循環情報収集であり，もうひとつは水資源・水管理のための情報収集である．気候変動の人間生活に対する影響は必ずしも明らかにはなっていないが，将来に対する不安要因であることは認めざるを得ない．しかし，気温や降水量が変動したときにどのような現象が生じるのか，決して正確に予測されているわけではない．気候変動がグローバルな現象であるとしても影響を受けるのは人間の活動拠点である地域であり，影響は必ず地

域における自然と人間の関係に関する問題として現れる．地域には個性が存在するが，気候変動の影響評価もフィールド科学の視点，すなわち地域の視点に基づく必要がある．危機的な状況を強調することは政策としてはありうるが，科学の立場からは地域ごとの水循環の実態の正確な認識に基づく影響評価が必要である．ここに空間をみる GIS の視点の重要性がある．

　もうひとつの目的である水資源や水管理に関する問題も地域性を理解することなしに解決することはできない．地形，地質，気候，植生などの場の条件に人間活動や気候変動などが組み合わされて形成される地域性は，地域の水循環のあり方を決定する．それに適応した手法によってのみ地域における水資源の開発や適切な管理を行うことが可能になる．したがって，人間の暮らしの立場からは地域の視点による水循環情報の集積の必要性がみえてくる．よくいわれることであるが，水問題も含む地球環境問題が顕在化してきた21世紀に求められている水循環研究は地域に還元できる成果を創出するものでなくてはならない．そのためのフレームワークとなるものがGIS である．GIS に情報を提供するリモートセンシング（RS）は時間・空間情報を提供してくれる重要なツールであり，GIS/RS の組合わせが水循環を理解し，人間の生活基盤を保証する技術基盤となりうるのである．

　本章では水循環の観点からGIS の応用について述べるが，その技術的側面については触れないことにする．すでに，環境解析技術としては十分成熟しており，多数の商用ソフトウェアが利用できるからである．現在，問題となっているのはむしろ，何を組み合わせて何を導くか，という観点である．ここに学問が蓄積してきた知識を応用する場が存在する．また，GIS は空間解析技術とともにデータベースとしての機能を有しており，数値だけでなく文章や画像として記録された空間の属性を蓄積することができる．本章では時空間の中に蓄積された水文情報の解析のあり方についての考察を試みる．

10.2　水循環を明らかにするための観点

10.2.1　GIS 利用の考え方

　気候変動のような全球スケールの現象の予測には大気大循環モデル（general circulation model：GCM）のような演繹的な方法をとらざるを得ない．この場

合，モデルに物理量を提供することが GIS および RS の重要な使命の1つになる．どれほど精緻なモデルでも入力データの精度が出力の精度に影響を与える．また，モデルから気候変動の予測結果が得られたとしても，その影響を地域スケールで評価しようとすると多様で複雑な現象に直面せざるを得ない．問題はあらゆる要因が積分されて出現する．科学的手法の結果，すなわち科学知で要因のすべてを網羅し，理解することは困難である．この場合，現場における経験知，生活知と呼ばれる情報を GIS に取り込むことができれば問題解決の指針が得られるかもしれない．たとえば，流域の森林面積と河川流出量の関係という問題を科学的手法で解こうとすると観測だけでも多大な予算を必要とする．しかし，地元住民の永年の経験があればある程度の予測は可能かもしれない．メカニズムは不明でも経験知，生活知による影響評価に対する判断が得られる場合も多い．もちろん，得られた経験的関係の物理性の検討から新たな知見が発見される可能性もある．

　ローカルはグローバルの一部であり，両者は別個に存在するわけではないが，両者を同時に理解するためには階層的な見方が必要である．支配方程式は同じかもしれないが，みえている現象をおもに支配する要因が異なるからである．流出現象を例にとると，1980年代に研究が進んだ谷頭部における流出発生メカニズムに関しては様々な概念が提唱され，現象の多様性が理解された（たとえば田中，1989）[2]．しかし，マクロ水文モデルが対象とする流域スケールになると谷頭部におけるミクロな現象はより時空間スケールの大きな現象には影響をあまり及ぼさなくなり，より普遍的な原理，すなわち「水は低きにつく」という原理に支配されるようになる．それゆえマクロ水文モデルで大河川の流出の再現ができるのである．しかし，われわれが扱う問題，たとえば谷頭部における崩壊や渓流水の水質形成，水汚染といった問題ではミクロな現象も重要になる．

　また，乾燥・半乾燥地域における水資源としてきわめて重要な地下水を考えると，広域の地下水流動系（regional groundwater flow system）はおもに大地形によって決定される．一方，局地的な地下水の流れ（local groundwater flow system）は地質，小地形に強く影響されるので，井戸掘削地点の選定といった実務的な作業においては近傍の地質・地形状況を精査する必要がある．しかし，まず広域地下水流動系の中で掘削地点を位置づけてから局地的な条件の検討を行わないと目的を達成することは困難である．グローバルとローカルの関係もこれ

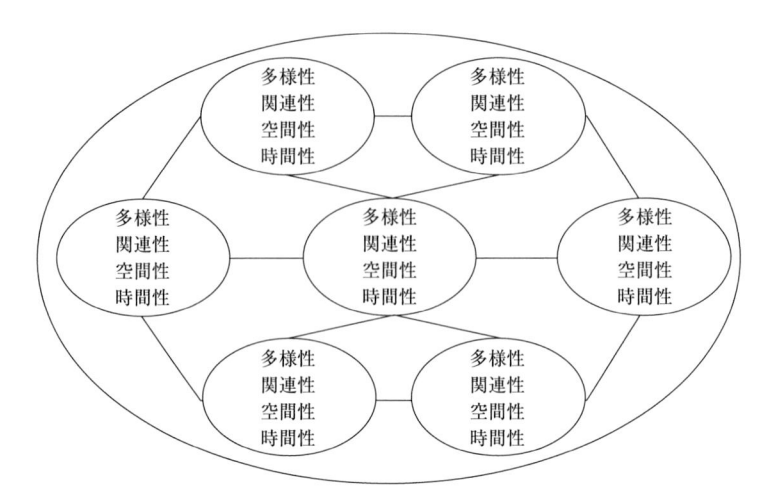

図 10.1 グローバルとローカルの関係

と同じ関係である．

このように地域を単位とすることによって具体的な水循環の解明とその利用・管理を行うことができるが，同時にそれをグローバルの中に位置づけることによって単なる情報を知識あるいは智慧として国際社会に還元できる仕組みが生まれてくる．この場合の地域とは，それを構成する要素の間の多様性，関連性，時間性，空間性（榧根，2001）[3]に関して等質性を有する範囲と定義でき，水収支などの水文条件に対して等質性を考えると水文地域を定義することができる（榧根，1972）[4]．この水文地域を対象として水循環情報を収集することによって地域に対応した，人間社会に還元できる成果を蓄積し，社会にフィードバックさせることが可能と考えられる．図10.1にフレームワークとしてのグローバルとローカルの関係の模式図を示す．グローバル（世界）の中には多数のローカルな地域が含まれ，各地域の中にはさらに分割された地域が含まれる．地域間は相互作用し，多数の地域が世界の中で何とか折り合いをつけながら存在しているのが現実である．地域ごとに固有の水利用・水循環があり，地域はそれに適応している．人間生活に関わる水文現象はより小さな地域レベルによって支配されるが，それを大きな空間スケールの中にも位置づけるためにGIS技術を利用することができる．

10.2.2 レイヤの構築におけるリモートセンシングの利用

　GISによる環境解析の要所は環境を構成する多様な要素を可能な限り集積し，相互の関連性を明らかにすることである．空間でみるという特徴はGISの中に内在されているし，時間的に異なる時代の空間情報をレイヤとしてもつことにより，時系列解析も可能となる．このような枠組みの中で新しい関係を発見することが，問題解決につながる1つの道筋である．

　環境を構成する多様な要素を包括的に認識するためには，GISの各レイヤに多様要素が表現されていなければならない．準備されている既存の情報だけでは問題解決が困難であることは，水循環も含む環境の本質である．その場合，発展を続けるリモートセンシングは新しい空間情報を生み出す有力な手法である．

　グローバルスケールのモデルに供給するリモートセンシング情報は土壌水分，植生情報，雪氷情報などがあり，いくつか数え上げることができる．しかし，地域に対応したリモートセンシングによる情報抽出手法はきわめて多岐にわたる．土壌水分や地表面温度といった物理量，あるいは植生指数のような指標はリモートセンシングデータによる高次情報そのものであり，水文情報でもあるが，これらの判読によって抽出できる情報はまた多岐にわたる．

　表10.1は蒸発散，浸透，地下水，流出といった水文素過程ごとに可能と考えられる情報抽出の手法についてとりまとめたものである．ここには単なる物理量（土壌水分，降水量など）の抽出のみでなく，水文素過程とリモートセンシングによるマルチスペクトル情報との間の経験的関係に基づいて推定可能な情報，および判読によって抽出可能な情報も含まれている．

　たとえば，蒸発散量は植生指標とよい相関があることは多くの研究によって認められており（たとえばKondoh, 1995)[5]，どのような時間・空間スケールの蒸発散量を求めるのかを明らかにすれば，十分実用的な手法である．もちろん，厳密な現地観測で求められる蒸発散量の精度をリモートセンシングに求めることはできないが，地上観測網を高密度に展開することも実質的に不可能である．リモートセンシング画像の中に含まれる空間情報を利用して蒸発散量の空間分布を推定できる可能性があり，これは他のものに代えがたいリモートセンシングの利点である．

　表10.1の内容はまだまだ不十分であり，今後も検討を継続する必要がある．1990年代は，1992年打ち上げのJERS-1，1996年のADEOS-1，1997年の

表10.1 地域の視点におけるリモートセンシングの水文素過程への応用手法の例（近藤，2003[7]）に加筆・修正）

素過程	測定・観測項目	間接物理量・知識ベース	センサ	備考
蒸発散	遮断	植生指標∝LAI∝遮断	可視・近赤外反射率 SAR	経験的手法
	蒸散	光合成速度∝蒸散速度	可視・近赤外反射率	経験的手法
	蒸発抑制	植被率∝群落コンダクタンス ボーエン比	可視・近赤外反射率 熱赤外 植生指標・輝度温度	半経験的手法
	その他	物理量の直接推定 地上観測との組合わせ	様々な手法 可視・近赤外反射率 熱赤外	微分的手法 半経験的手法
浸透	土壌水分	乾湿と地中水循環の関係	可視・近赤外反射率 マイクロ波放射・散乱	水文学的知識
	地形	地下水流動系	光学センサステレオペア 干渉SAR	水文学的知識
地下水涵養	土壌水分	乾湿と地中水循環の関係	可視・近赤外反射率 熱赤外 マイクロ波	水文学的知識 熱慣性 直接計測
	地形	地形と地下水流動系	光学センサステレオペア 干渉SAR	水文学的知識
地下水流動	地形	地形と地下水流動系	光学センサステレオペア 干渉SAR	水文学的知識
	リニアメント	割れ目地下水	光学センサ画像判読 SAR	水文学的知識
地下水流出	地表面温度	地下水温	熱赤外	暖かい（冷たい）水の流出
	地形	地形と地下水流動系	光学センサステレオペア 干渉SAR	水文学的知識
	土地被覆	植生，塩分集積	光学センサ	水文学的知識
河川流出	地形	DEMによる落水線抽出	光学センサステレオペア 干渉SAR	空間情報解析
	土壌の物理性	植生の活性∝植生指標∝土壌構造	光学センサ	経験的関係
	粗度	テクスチャー	光学センサ SAR	経験的関係

SAR：synthetic aperture reader（合成開口レーダー），DEM：digital elevation model（数値標高モデル），干渉SAR：わずかに異なる軌道から同じ場所を撮影したSAR画像を干渉させて標高を抽出する技術，LAI：leaf area index（葉面積指数）．

TRMM/PRといった日本の衛星，センサが地球環境観測に重要な役割を果たした時期でもあった．21世紀に入った現在，米国のTarra，Aqua衛星，日本のALOS衛星（だいち）をはじめ複数の衛星が運用段階に入り，地球観測の黄金期に入っている．様々な空間スケールにおける情報抽出の手法について多角的なアプローチから検討しておく必要があると同時に，個々の成果を統合する仕組みとしてGISの利用を進めるべきである．

10.2.3　GISで明らかにすべき項目

　デジタル地理情報としての水循環情報は数値情報と空間情報に分けられる．数値情報は降水量，河川流量といった地点における観測値そのものであり，既存のデータベースシステムによって簡単にデータベース化することができる．さらに数値情報は空間情報の中に位置づけると新たな情報を生み出すことができる．簡単な例では地形，土地利用，植生，地質，土壌，気候値などの空間情報の中に河川流域の流況に関する情報をおくことによって，地域性に支配された流出特性を理解することが可能となる．これ以外にも空間性を認識することによって理解することができる現象は多数存在する．

　ここで，森林の水源涵養機能に関する議論を考えてみよう．湿潤地域に位置する健全な森林が水源涵養機能をもつことは科学的に証明されている（たとえば塚本，1998[6]を参照）．ではなぜいまだに議論の対象になるのだろうか．ここで半乾燥地域を考えると，森林では樹木が吸水するため土壌は深部ほど乾燥している事実に出会う．すなわち気候帯によって水源涵養機能に対する森林の機能が異なるのである．このように，空間的視点を取り入れることによって現象の理解を容易にする事例は多くある．もっとも，乾燥地域の森林といっても人間の手の加わった疎林であることが多い．十分時間を経て森林が再生したとすると，森林土壌が発達し，水を育むようになるという現象も考えられなくはない．この場合，時間性の理解が重要になるが，これもデータベースによる蓄積を行っておくことによって将来理解が可能になるかもしれない．

　水循環情報を空間情報として解釈するにはベースマップが存在すると便利である．いくつか考えられるが，流域区分図や水文地域図といったベースマップが考えられる．水文地域とは水文環境に関する基準に基づいて地域を区分した地図である．たとえば基準として水収支とその季節変化を考えると，水の不足，余剰に

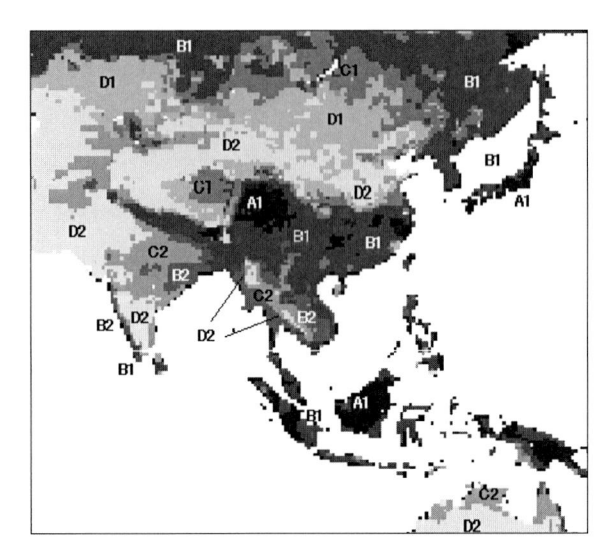

図 10.2 モンスーンアジアの水文地域（近藤，2003；Kondoh et al., 2004）[7,8]
A1：年間を通じて水余剰があり，総余剰量が 400 mm 以上．
A2：年間を通じて水余剰があり，総余剰量が 400 mm 未満．
B1：水余剰と水不足の月があり，水余剰の方が多く，水不足量は 200 mm 未満．B2：水余剰と水不足の月があり，水余剰の方が多く，水不足量は 200 mm 以上．C1：水余剰と水不足の月があり，水不足の方が多く，水不足量は 200 mm 未満．C2：水余剰と水不足の月があり，水不足の方が多く，水不足量は 200 mm 以上．
D1：年間を通じて水不足であり，総水不足量が 200 mm 未満．
D2：年間を通じて水不足であり，総水不足量が 200 mm 以上．

基づく地域区分図ができあがる．図 10.2 はその一例である（近藤，2003；Kondoh et al., 2004）[7,8]．図は可能蒸発散量の計算値と土壌水分貯留容量のマップから月単位の水収支計算を行い，水不足および水余剰量を計算した結果である．

　図から得られる情報は多い．たとえばモンスーンアジアの特徴として，乾燥と湿潤が隣り合っていることがあげられる．これは水資源の開発・管理を考える場合に重要な視点を提供してくれる．東アジアでは北ないし北西方向に乾燥が進んでいるが，淮河付近を境界として水余剰地域と水不足地域が接している．華南の豊富な水を華北に導水する「南水北調」はこの地域性を利用した導水プロジェクトであることが容易に理解できる．

　地域の水問題をこの図の中に位置づけることによって問題の性格が明瞭にな

る．たとえば，チャオプラヤ川中下流域には乾燥域であるD地域が存在するが，感覚としては年間を通じて水に恵まれているようにみえる．この地域はもともと雨期の水田一期作地域であったが，乾期の水稲栽培が1960年代以降の巨大ダムの建設と灌漑システムの整備によって始まった．しかし，ダムの貯水量は1990年代初頭には死水レベル近くにまで達しており（新谷ほか，1994)[9]，水危機のおそれはつねに存在している．複数の視点に基づくベースマップの中に地域をプロットすることによって水問題の理解と対策の選定も可能になると思われる．

10.3　GISを駆動する知識情報

　水循環情報を空間情報として整備したなら，そこから水循環に対する解釈を得る必要がある．そのためには数値情報に加えてフィールドにおける経験を同時に集積する必要がある．このような経験は学術誌，報告書や単行本に残されているものも多いが，大半は個人のセンスとして蓄積されているのであろう．しかし，水問題が解決すべき危急の課題として認識された現在は，そのような経験も最大限に活用する必要がある．現在の日本人の生活レベルを今後も維持しようとするならば，より賢明な水循環の管理が求められるはずだからである．そのためには，経験情報もGIS上のデータベースとして蓄積すべきである．

　『広辞苑』（第五版）によると，知識ベースはデータベースとの連想から生まれた語であり，特定の問題を解決するのに必要な知識を体系的に集約したもの，とされている．人工知能の応用システムなどで利用され，たとえばコンピュータ医療診断システムなどが相当する．しかし，水循環に関する諸問題の解決には，空間的に問題をとらえること，すなわち地域性を配慮する必要がある．洪水という問題を例にとると，湿潤変動帯の洪水と，大陸のモンスーン地域の洪水はまったく様相を異にする．日本では洪水は多くの場合，災害であるが，東南アジア地域では恵みであることもある．しかし，都市化の進展とともに，恵みが災害へ変質している場合もある（たとえば春山，1991)[10]．この場合には，過去の空間情報を使った時系列解析も重要になる．知識情報を使ってGISによる空間解析のパフォーマンスを高める考え方については，事例を紹介した近藤（2003)[7]を参照されたい．

10.4 水文大循環と GIS

　現在の地球市民が抱える大問題が地球温暖化に伴う気候変動であることは論を待たないであろう．その影響評価については社会学的側面からはまだまだ議論の余地はあるが，とりあえず近未来の地球がどうなるかは衆目の関心が一致するところである．地球スケールで未来を定量的に予測するためには，コンピュータを利用したモデルによるシミュレーションに頼らざるを得ない．モデルにもその使い方について様々な考え方に基づく種類があるが，大気大循環モデル（GCM）は，現実的な変数を使い，個々のプロセスをなるべく物理的に意味があるように構成して，しかもフィードバックのつながっているものの変化を同時に追うことを目指すモデルである（増田，1991）[11]．このような演繹的な手法に基づくモデルは，その初期条件，境界条件の精度が結果の精度に大きく影響する．

　GCM における境界条件として必要なパラメータは，アルベド（日射の反射率），土地利用や植生分布など多岐にわたるが，利用可能なデータが地球スケールで同一精度で利用可能なわけではない．植生については，NDVI（normalized difference vegetation index）に代表される衛星データから求めることができる植生指標の利用は進展しており，植生の空間的分布や季節変化，さらには近年の年々変動も明らかにされてきた．LAI（leaf area index：葉面積指数）などのモデルで利用可能なパラメータへの読替えに利用されている．とはいえ，現実の植生の多様性はわれわれが地球スケールで詳細にマッピングできるほど単純ではない．その他のモデルに必要な物理量の分布を全球スケールで直接衛星観測から求めることにもまだ困難が伴うが，降水量，積雪域，海氷分布などに成果が出つつある．

　水文大循環の研究においてむしろ重要なのは膨大な量のラスタデータのハンドリングと可視化の技術であろう（増田，2001）[12]．モデラーにとってはプログラミングで個々のモデルに対応することが最も楽な方法である．このようなラスタデータの利用方法も概念としての GIS ということはできる．

　日本が誇る高速コンピュータである地球シミュレータで行われた温暖化予測計算でも，その分解能は数十 km のオーダーである．大気と海洋の計算ではこの程度の分解能でも容認できるが，地球表面の約 30% を占める陸域表面の多様性は km オーダーでは表現することが困難である．もちろん，モデルは現実の模

倣というよりも，地球システムに対するインパクトの重要な応答を知るために使われる道具である．地球はまだまだわれわれが全体を理解するには複雑すぎるが，GIS やリモートセンシングの技術そのものとデータベースの充実によって GCM などのモデルに成果をフィードバックさせながら，螺旋的に認識が深まっていくと思われる．

10.5 水文中循環と GIS

　流域単位の水循環を対象とした GIS は近年，統合的流域管理が声高に叫ばれるようになって急速にデータ整備が進んでいる分野である．その背景には，都市化の進行，産業構造の変化，山村の過疎化，あるいは極端な気象現象の頻発などの出来事が，河川の流況や水質を大きく変化させ，場合によっては都市型洪水のような災害を引き起こすという現実がある．また，1997 年の河川法の改正により，環境を重視することがうたわれ，流域管理のあり方について地域住民の意向を尊重する方針が示された．2001 年の水防法の改正では情報の公開が重視され，自治体にハザードマップの整備が義務づけられた．

　このような流れの中で，流域を単位とし，治水・利水・環境を含む総合的な視点から施策の立案や，効率的な事業実施，合意形成のための資料の整備と公開などの目的で GIS が利用されるようになっている．たとえば，国土交通省では河川に関する空間データおよびこれを処理・利用するためのシステムを整備し，業務実施の基幹システムの 1 つとして利用を促進することにより，今後増大する総合化，透明化，効率化などの様々なニーズへの的確な対応に資することを目指し，河川 GIS の構築を進めている．

　一方，降雨流出モデルについては分布型流出モデルの利用がさかんになってきた．これは流域をグリッドや TIN (triangulated irregular network：不規則三角形網) で離散化し，各要素に流出現象に関わるパラメータを与え，流域出口における流出量を計算するモデルである．様々な要素の空間分布を考慮することができるため GIS との整合性が高く，土地被覆の改変の効果も検討できるため，水資源や災害に対するソフト対策（土地利用誘導，水利用誘導・規制，水配分の見直し，取排水系統の見直し，雨水利用など）への利用も可能である．

10.6 水文小循環と GIS

日本では総人口の70%以上が,都市(ここでは地方自治法による市)に居住している(全国市長会ホームページより).都市では水は遠方から移送され,様々な用途に使われ,下流へ下水として排出される.このように利用後の古い水が新しい水に入れ替わることを都市の水代謝としてとらえることができる(丹保・丸山編,2003)[1].都市の水代謝の過程では降水や洪水時の流出など,使わない水は極力水代謝システムには取り込まずに強制的に排水させるという方法をとってきた.排水がうまくいかなかった場合には,都市型洪水を引き起こし,地域住民に被害をもたらしている.

都市の水代謝は高度な技術と管理システムによって維持・運用されているが,水循環に関わる上水や下水の配管の管理は,電線やガス管の管理とともに早い時期から GIS が応用されてきた分野である.近年の都市型洪水は下水管の排水能力を超える流量の集中によりマンホールから水が噴出する事態も生じている.GIS により管理された下水道システムは流出モデルの境界条件としても利用することができ,都市域の排水機能の評価に GIS と分布型流出モデルを組み合わせることにより,都市型洪水の予測も可能になっている.

都市化された地域における洪水や汚染といった水問題は多くの場合,住民と水循環の分断に起因することが多い.すなわち,住民が地域の水循環を意識しなくなったことから問題が生じている.GIS により水循環の過程を可視化することは,都市・地域が水循環に対して責任をもつことにつながり,安全・安心で快適な社会の構築に資することになると思われる.

10.7 まとめと今後の課題

GIS は位置(緯度・経度)や空間に対応づけられたデータ(属性)を管理し,空間的な解析を行うシステムである.GIS 上に水循環に関わる情報を位置づけることができれば,知識情報を参照することにより,水循環に対する解釈,問題解決の指針を得ることができる.そのステップをまとめると以下のようになる.
・空間情報基盤の集積
・観測やリモートセンシングによる量的情報の集積

10.7 まとめと今後の課題

- 水文学的経験・知識に関する質的情報の集積，すなわち知識ベースの構築
- 地理情報システムによるデータベース構築
- 地理情報システムの運用，空間解析

　完成したシステムを的確に運用することによってデータベースに含まれる水文学的経験・知識から地域に還元できる智慧を生み出すことができるはずである．そのためには，どのような情報を集積すればよいのか，これは地域を構成する要素の多様性，関連性，空間性，時間性を認識するセンスが必要になってくる．今後の環境研究は総合的でなくてはならない，ということはよくいわれることであるが，それを実現する重要な手法がデータベースである．

　その構築に際してリモートセンシングはつねに重要な時間・空間情報の提供ソースである．20世紀はグローバルを低空間分解能でみた時代であった．これにより大きなスケールの現象を大まかに理解することができた．しかし，21世紀はグローバルを高空間分解能でみる時代である．地球表層はきわめて多様であるが，グローバルの視点のみでは多様性がノイズになってしまう可能性もある．ところが，地域の視点に立つと一見ノイズにみえた現象がシグナルであり，それをとらえることによって地域に貢献できる成果を創出することができるのである．もちろん，グローバルを細かくしていけばローカルになるわけではない．水循環過程を考えると，数値モデルの分解能を上げれば個々の素過程を表現する微分方程式のそれぞれの重要性が異なってくる．様々な空間スケールにおける現象認識を階層的に行う手法は，フィールドにおける経験から生み出されたものであり，このような多層的な空間情報の集積もGISの重要な機能である．

　地域の問題を理解あるいは解決したなら，その成果はグローバルな視点の中に位置づけなければならない．それによって地域間の理解が進み，水問題，水災害に対する適切な手法の選択や開発，あるいは気候変動に対する実質的な影響評価が可能になるはずである．しかし，地域を扱う個別性の科学は，一般性の科学と比較すると十分なアピールに成功していないように思われる．それは，個別成果を位置づけるフレームワークが存在しなかったことが理由の1つと考えられる．リモートセンシングとGISが利用可能になった現在の喫緊の課題はGISによるフレームワーク作成と，地域の知識の集積による知識ベースの構築である．様々な地理情報（空間情報）と水文学的経験・知識を地理情報データベースとして集積し，人間の能力によって運用し，解釈を得ることが重要である．リモートセン

シングはつねに重要な時間・空間情報の提供ソースであり，GIS は地域性を集積する空間的枠組みであるといえる． [近藤昭彦]

引用文献

1) 丹保憲仁・丸山俊朗編 (2003)：水文大循環と地域水代謝，222p，技法堂出版．
2) 田中　正 (1989)：流出．気象研究ノート No.167「水循環と水収支」(榧根　勇編), pp. 67-89, 日本気象学会．
3) 榧根　勇 (2001)：地域について総合的に考える．地理, 46(12)：12-17.
4) 榧根　勇 (1972)：モンスーンアジアの水文地域．東京教育大学地理学研究報告, XVI：33-47.
5) Kondoh, A. (1995)：Relationship between the Global Vegetation Index and the Evapotranspirations derived from Climatological Estimation Methods. *Journal of the Japan Society of Photogrammetry and Remote Sensing* (写真測量とリモートセンシング), 34(2)：6-14.
6) 塚本良則 (1998)：森林・水・土の保全―湿潤変動帯の水文地形学―, 152p, 朝倉書店．
7) 近藤昭彦 (2003)：水文学へのリモートセンシングと GIS 技術の応用．地理学評論, 76(11)：788-799.
8) Kondoh, A. et al. (2004)：Hydrological regions in monsoon Asia. *Hydrological Processes*, 18：3147-3158.
9) 新谷　渡ほか (1994)：チャオプラヤ川流域の水資源危機とその対策．水文・水資源学会誌, 7：520-528.
10) 春山成子 (1991)：タイ中央平原における近年の水害の変化について．地学雑誌, 100：284-297.
11) 増田耕一 (1991)：気象学（特に大気大循環モデル）は地球科学現代化の手本になりうるか．月刊地球, 13：594-601.
12) 増田耕一 (2001)：気候学と GIS. GIS―地理学への貢献（高阪宏行・村山祐司編), pp. 39-57, 古今書院．

11　ランドスケープと GIS

11.1　環境の階層性とランドスケープ

　近年，人間活動の拡大とともに環境に対する影響も広域的になり，その管理に関してもこれまでよりも広い範囲を扱う必要性が高まってきている．自然環境の保全・管理に関しては，流域を単位とするようなアプローチはあったものの，通常，ある森林や草地の1つのまとまり（パッチや生態系）を対象とすることが普通であった．しかし，生物多様性の保全が課題になると，それにとどまらず，森林や草地のまとまりを複数含んだ範囲を対象としなければならなくなる．このような空間的単位をランドスケープ（独：Landschaft，英：landscape）と称する．たとえば，農村ランドスケープは，水田，溜め池，畑地，樹林や農家などから構成され，都市ランドスケープは，住宅地，公園，学校や商業施設などからなる土地のまとまりである．

　自然界は階層性をなしており[1]，樹木が集まって樹林パッチをつくり，いくつかの樹林パッチから森林ランドスケープが構成される．いくつかのランドスケープの集まりをリージョン（region）と呼ぶ．米国の景観生態学者フォーマン（Forman）はこのような自然界の階層的構造を図11.1のように表現した[2]．環境の事象を扱うには，どの階層を対象として扱うかを的確に判断しなければならないが，この中でランドスケープという階層は，人間活動が引き起こす様々な事象を扱う際に最も適したスケールと考えることができる．

　もともと地理学的な用語として用いられてきたこのランドスケープという語句に対しては，「景観」，「景域」そして「景相」などという訳が与えられている．この専門用語の解釈として，主体となる人間の視覚的な美的要素を加える場合と

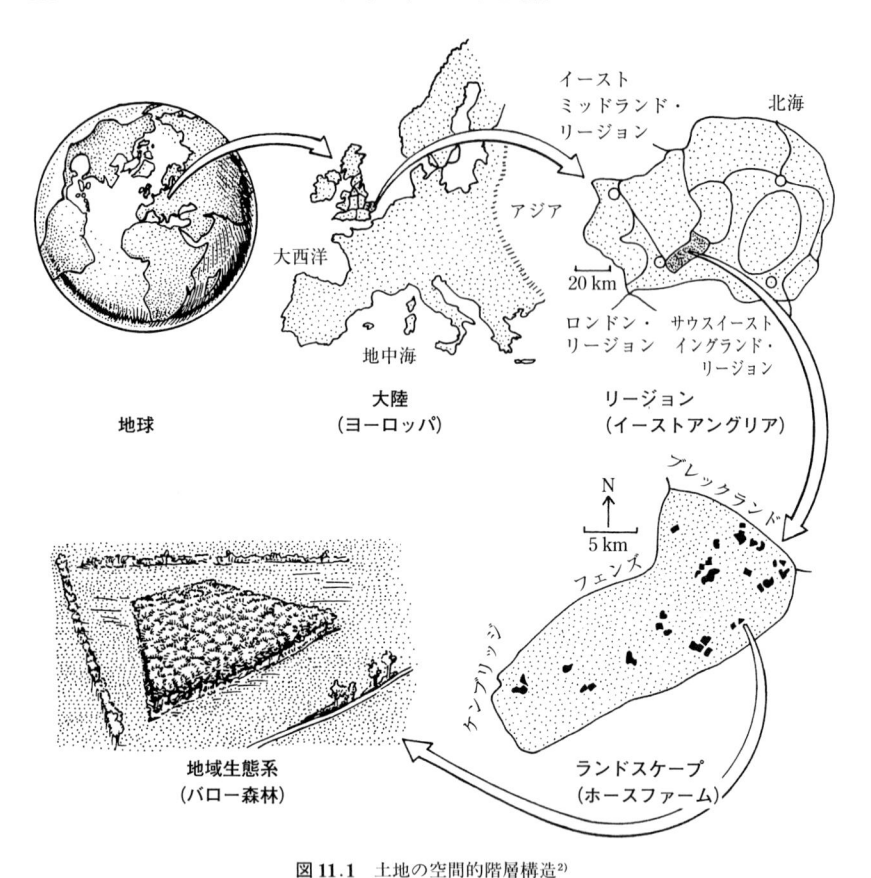

図 11.1 土地の空間的階層構造[2)]
いくつかの生態系からランドスケープが構成され，ランドスケープが集まってリージョンを構成する．

そうでない場合があり，たとえば，わが国の環境影響評価（環境アセスメント）における「景観」の場合には，美的要素を組み入れた意味として用いている．本章では，見た目の景色などの意味としてではなく，空間の構成要素のまとまりとしての実体を指す用語として「ランドスケープ」という語を用いる．これは，特に landscape という語に対する訳語である「景観」という語の解釈の混乱を防ぐ意味で，片仮名表記を用いることにならったものである．ただし，複合語の場合には「ランドスケープ」の語のかわりとして適宜「景観」を用いる．

11.2 ランドスケープエコロジー

　このランドスケープという見方がここ 10 年ほどの間に広まってきた背景の 1 つに，ランドスケープエコロジー（景観生態学）の興隆があげられる[2～5]．生物と環境の関係を研究する学問として成立した生態学は，主体となる生物そのものや，生物と無機的環境要素の集合体である生態系を研究対象とする学問として発展してきた．1930 年代に空中写真を用いて土地の構造や変化の研究を進めてきたトロール（Troll, 1939）[6]は，ランドスケープを対象とする研究分野に Landschaftsökologie（景観生態学，ランドスケープエコロジー）という名称を与えた．その後，幾多の学問的論争を経て，大陸ヨーロッパ（Continental Europe）では地域計画や環境管理，ビオトープ管理などの応用分野を扱う学問としてランドスケープエコロジーが確立してきた．一方で北米では，生態学者の中から，研究対象のスケールを上げることで新たな生態的現象を見出せることが明らかにされ，ランドスケープスケールの生態学が進展してきた．この大陸ヨーロッパと北米のそれぞれの研究潮流が 1980 年代に融合し，新しいランドスケープエコロジーという学問分野が大きく発展することなる．その象徴となったのが，米国ハーバード大学のフォーマンとフランスのトゥールーズのゴドロン（Godron）の共著 "*Landscape Ecology*"（1985）[3] の発刊である．この本は 2 つの研究潮流を代表する 2 人の研究者によって，統合的なランドスケープエコロジーのテキストとして編まれ，それ以降のランドスケープエコロジーの進展に大きく寄与することとなった．

　特に前述のとおり，人間活動の範囲が広がるにつれてランドスケープスケールでの研究の重要性が認識され，ランドスケープエコロジーの興隆の大きな要因となっている．このランドスケープというスケールでは，土地は異質性（heterogeneity）に富んだいくつかの異なった生態系のモザイクとして把握される．これらの異質性を含んだ場での生態現象の解明が自然環境の管理の面で重要であることが，様々な知見から明らかになりつつある．特に動物は，生活史のそれぞれの段階で異なった生態系を生息地として移動しながら生活している．たとえばカエルなどの両生類やトンボなどの昆虫類では，幼生の時期と成体での生息環境が水域から陸域（空域）に変わる．その保全の問題では，ランドスケープスケールの見方が欠かせない．大型の哺乳類や猛禽類では，複数の生態系の集合体である

ランドスケープスケールの広大な生活域を必要とする．さらに，環境問題の最重要課題の1つとなった生物多様性の保全に関しては，生態系の集合体であるランドスケープというスケールでのアプローチが不可欠である．

11.3 ランドスケープの構造・機能・変化

ランドスケープエコロジーにおいては，ランドスケープの構成単位としてエコトープ（ecotope）というものを考える．特に大陸ヨーロッパの研究者の間では，この見方が強い．図11.2にエコトープの概念図を示す．ランドスケープの基本単位となるエコトープは，一般に物理的（土地的）環境を表すフィジオトープ（physiotope）と生物的環境としてのビオトープ（biotope）とが一体となったもの，と理解される．この図をみた方は，GISソフトウェアのベンダーであるESRI社のテキストに掲載されている概念図[7]（図11.3）との相似性に気がつくことであろう．これは自然界に対する見方が，ランドスケープエコロジーとGISの両方の研究者で似通っていたことに由来する[*1]．ここから明らかなように，ランドスケープの構造解析にGISは大きな威力を発揮する[8]．特に，地形や

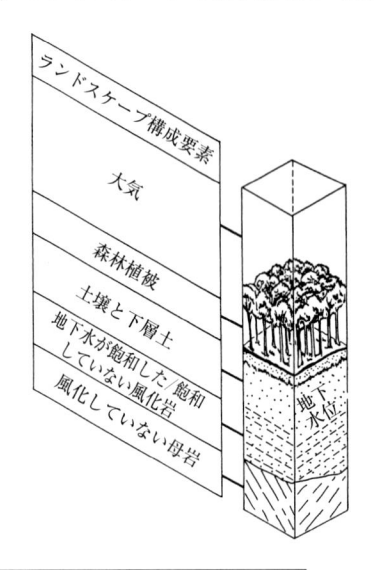

図11.2 エコトープの概念[4]
ランドスケープの構成要素であるエコトープは，土壌などの要素と地上の植生などからなる．

[*1] おそらくはESRIの社名がEnvironmental Systems Research Instituteであることからうかがえるように，環境を対象としてGISを開発してきたことによるものであろう．

11.3 ランドスケープの構造・機能・変化

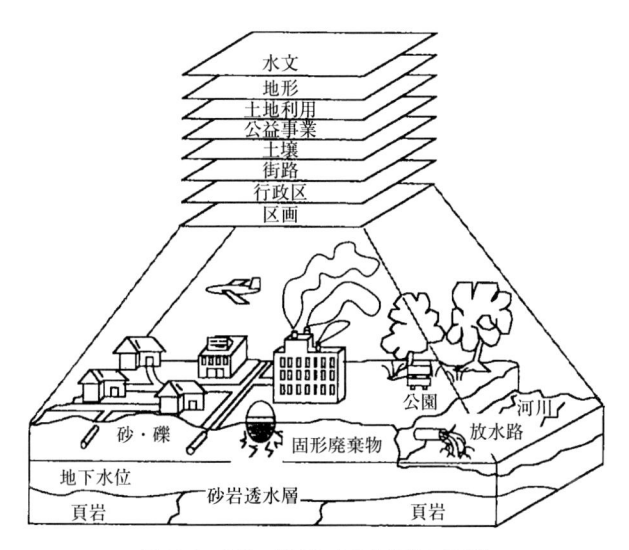

図11.3 GIS の観点からみた現実の世界[5]
ESRI のテキストにみられる現実の世界の概念図．いくつかの関連するレイヤから構成されていることを示している．

　地質，そして植生や土地利用をオーバーレイしてエコトープを抽出し，自然環境の保全に用いることはわが国でも頻繁に用いられるようになってきている[9,10]．ランドスケープにおいて地形や地質は重要な構成基盤であるが，土地の改変が著しいところでは最新の情報が不十分な場合も多く，その扱いに手間がかかるために，地表の土地利用の単位をランドスケープの構成単位とする場合もある．これは北米の研究者に多く，この場合にはランドスケープ要素（景観要素：landscape element）という語で表現するのが普通であり，生態系やパッチ（patch）という用語で表現されることも多い．

　ランドスケープを構成する要素をパッチと称するが，河川や道路のような細長い構造の要素はコリドー（corridor）と呼ばれる．そしてランドスケープの基質ともいうべき優占する主要な構成要素をマトリックス（matrix）と呼ぶ．ランドスケープはパッチとコリドーとマトリックスから構成されているというとらえ方ができる．フォーマンは，この三者がダイナミックに相互作用しながら，結果としてそのランドスケープが変わっていくことの重要性を指摘し，ランドスケープの構造を表現するモデルとしてパッチ-コリドー-マトリックスモデル

(patch-corridor-matrix model) として整理し，ランドスケープの構造と機能の理解を深めている[2]．

一般にランドスケープは，気候，地形，土壌，そして生物間の相互作用，人為や自然の攪乱などによってでき上がっている．通常，ある一定の条件のもとでは同様な形状がみられ，特有な土地のパターンを生じる．自然界においては，一般にこのパターンを大きく規定するものは優占植生の空間分布である．植生は広域的スケールにおいてはその土地の気候の影響を大きく受ける．また，より小域的なスケールでは，地形や土壌の影響が大きい．一方，自然の遷移や攪乱も，ランドスケープパターンを形成し，プロセスに影響を与える重要な要素である．さらに，ランドスケープを構成するひとつひとつの生態系の相互の位置関係，すなわち景観配置構造 (landscape configuration)[5] と呼ばれる構造が，ランドスケープの質的な特性として大きな意味をもつ．隣接する2つの生態系の組合わせや，飛び石状に存在する生態系の連結性などは，生物の生息地としての質を考える際に特に重要である．

さらに，ヨーロッパや日本など長い歴史的年月にわたって農林業が営まれてきたところでは，その営為そのものが文化と呼ぶことができるまでに高まっており，ランドスケープの形成と維持，そして変化に大きな影響を及ぼしている．さらに都市のランドスケープは人間の営為によって人工的に形成されたものであり，地域や形成過程の特性によって様々な構造と機能をもつ空間が形成されている．

11.4 GISによるランドスケープ解析

ランドスケープそのものが，地形と植生など土地被覆/利用 (landcover/use) の重層的な構造となっているが，これはGISのオーバーレイとのアナロジーにつながる．すでにGISの技術が進展する以前に，ランドスケープアーキテクトのマクハーグ (McHarg)[11] によって，このランドスケープの重層的構造が指摘されていた．前述のとおり，ランドスケープの要素となるエコトープは，地形と地質という条件と，その上を覆う植生や構造物などを1つのユニットとして考えるが，GISでは，土地のひとつひとつの構成要素をレイヤとして扱う．ランドスケープという構造そのものが，GISとの親和性が高いことが容易に理解

される．さらには，ランドスケープの中で生起している様々な自然・社会的事象を，GIS上でオーバーレイして表現し，解析することが可能となる[12]．

1990年代に入ってからのGIS技術の急速な進歩によって，土地の空間構造の解析や，地域計画などのモデル化やシミュレーションなどの研究が進展し，ランドスケープエコロジーの分野に急速に浸透することになる．英国のヘインズ・ヤング（Haines-Young）らによって編まれた"*Landscape Ecology and GIS*"(1993)[13]によると，景観生態学におけるGISの意義として，①広範囲の生態系に関するデータベース構造の提供，②リージョン，ランドスケープ，プロットスケール間のデータの統合と分離，③調査地や生態的に鋭敏な土地の選択支援，④生態分布の空間統計学的解析の支援，⑤リモートセンシングによる情報抽出の向上，⑥生態系モデリングにおけるデータやパラメータの提供があげられている．ランドスケープの構造を解析するGISベースのフリーソフトであるFRAG-STATS[14]が開発され，様々なランドスケープ解析に応用されている．一方，原(1996)[8]は，ランドスケープの研究におけるGIS利用に関して，次の5つの段階に整理して論じた．〔第1段階〕：デジタル地図の作成，〔第2段階〕：地形解析や景観構造の解析，〔第3段階〕：空間解析，〔第4段階〕：種々のモデルとの連携，〔第5段階〕：意思決定支援の情報システム，としての利活用である．GISのもつ情報システムとしての側面を考えるなら，実世界からのデータ収集から始まり，データ管理，検索，解析を経て，ランドスケープ管理における意思決定支援の情報提供までの流れこそが重要な意義といえよう．

11.5 自然環境管理におけるランドスケープスケールでのGIS利用 ―丹沢大山自然再生を例に―

神奈川県西部に位置する丹沢大山山地は，古くは大山信仰の対象として，さらに1965年には国定公園に指定され，神奈川県および首都圏の人々にとって近隣の山岳地として登山をはじめとする利用がなされてきた．しかし，1980年代以降，登山者の増加に伴う登山道付近の植生荒廃や，大気汚染の影響とされるモミやウラジロモミの枯死，ニホンジカの増えすぎによる林床植生の消失から生じる土壌流出など，幾多もの環境問題を抱えてきた．これらの問題の原因を明らかにして対応策を策定するために，2004～2006年にかけて「丹沢大山総合調査」が

実施された[15]. この調査では，一般的な自然環境調査と同様に，動植物などの生物目録・分布調査（生きもの再生調査），大気・水・土壌調査（水・土再生調査）に加え，社会学的な要素も取り入れた地域資源調査（地域再生調査）とこれらのデータを一括して GIS データとして整備し解析に供する調査（情報整備調査）の4つのチームから構成された．そして各分野の基礎調査に加え，丹沢が抱える主要な課題を解決することを目標とする「特定課題調査」を設定し，各分野横断して実行に移された．この総合調査の全体の枠組みは図 11.4 に示すとおりであり，丹沢の自律的な自然再生につながる課題解決を目指すものである．丹沢大山山地は，山頂付近の自然性が高いところから，山腹の林業を中心とする人工林が卓越する地域，さらには山麓の農業を中心とするいわゆる里山地域まで，多様な環境を有する．特定課題としてあげられた8つの問題は，山地全域で生じている問題もあれば限られた地域で特有な問題もみられる．特に課題解決のためには，自然環境と社会環境が比較的類似しているところをまとめて，1つの単位として原因を究明して施策にあたる重要性が認識されてきた．このために，山体をランドスケープというスケールでとらえ，今回の総合調査で得られたデータをもとにして課題解析のために総合解析を実施することとなった．総合調査ではこのランドスケープを「景観域」という語で表現することとした．さらに今回の総合調査の成果とこれまでの既存資料については，情報整備チームが中心となって丹沢自然環境情報ステーション e-Tanzawa[16] が構築され（図 11.5），ここにデジタル

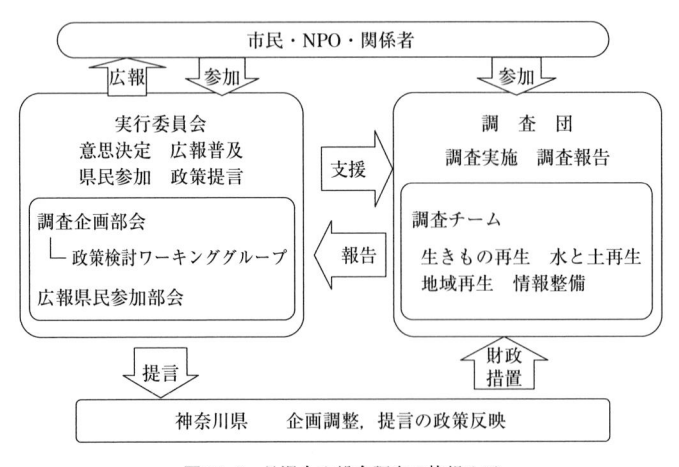

図 11.4 丹沢大山総合調査の枠組み[15]

11.5 自然環境管理におけるランドスケープスケールでのGIS利用—丹沢大山自然再生を例に— 173

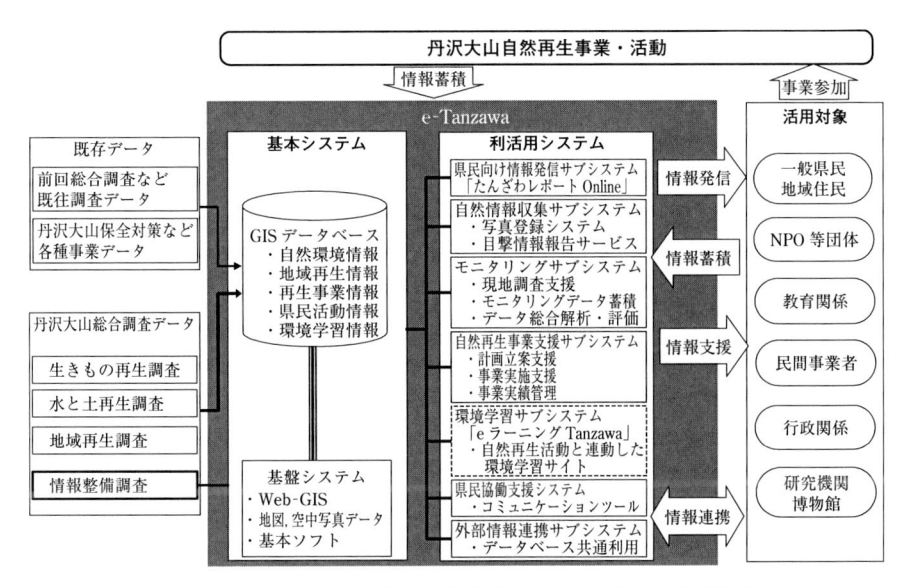

図 11.5 e-Tanzawa（丹沢自然環境情報ステーション）の構想概要[16]

データとして格納されて，後述する総合解析に供された．

11.5.1 4つの景観域と特定課題

ここでは，丹沢全体を主要な景観要素と標高によって，「ブナ林景観域」「人工林・二次林景観域」「里地里山景観域」の3つに分け，それらを縦断して成立する「渓流景観域」を加えて，4つの景観域を設定した[17]（図 11.6[18]；総合調査では景観という語をとって「ブナ林域」という呼称を用いた）．また，特定課題と景観域との関係は表 11.1 にまとめられる．ブナ林の衰退がブナ林景観域，人工林の劣化が人工林・二次林景観域，地域の自立的再生が里地里山景観域，渓流生態系の悪化が渓流景観域に特有であるのに対して，ニホンジカの影響，希少種の減少，外来種の増加，自然公園過剰利用の課題は，複数の景観域にまたがって生じている課題である．

11.5.2 景観域ごとの総合解析

総合調査では，景観域ごとに再生目標を立てて，現在生じている特定課題に対して，これまでの知見と今回の調査結果をもとにして，課題解決のための総合解

(約 800 m)

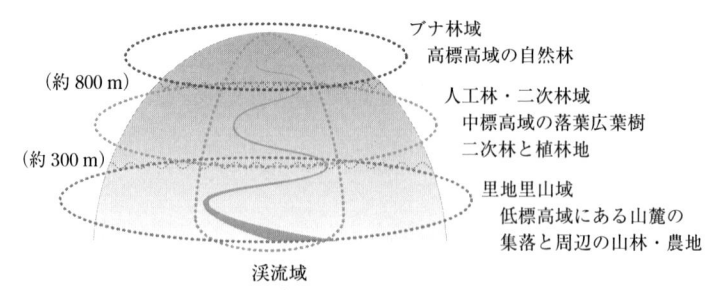

(約 300 m)

ブナ林域
　高標高域の自然林

人工林・二次林域
　中標高域の落葉広葉樹
　二次林と植林地

里地里山域
　低標高域にある山麓の
　集落と周辺の山林・農地

渓流域
　渓流およびその周辺地
　上限：常水のある沢
　下限：ダム湖上流および里地・里山

図11.6　丹沢大山総合調査で設定された4つの景観域[18]
丹沢大山地域を「ブナ林域」「人工林・二次林域」「里地里山域」「渓流域」のランドスケープ（ここでは「景観域」を用いた）に分けて，総合的な解析や施策の策定にあたった．

表11.1　丹沢大山地域における特定課題と景観域の関係[15]

特定課題	景観域	自然再生目標
ブナ林の衰退	ブナ林域	うっそうとしたブナ林の再生
人工林の劣化	人工林・二次林域	生きものも水土も健全で生業も成り立つ森林への再生
地域の自立的再生	里地里山域	多様な生きものが暮らし山の恵みを受ける里の再生
渓流生態系の悪化	渓流域	生きものとおいしい水を育む安心・安全な沢の再生
ニホンジカの影響	景観域を横断	丹沢山地のシカ地域個体群を安定的に存続させ，生物多様性保全と農林業被害の軽減をはかること
希少種の減少		希少な生物種の絶滅回避
外来種の増加		丹沢および県内からの外来種の除去と侵入防止
自然公園過剰利用		山の再生とともにある自然公園の適正利用管理

析を実施した．これらの成果は地理的位置データをもった情報としてe-Tanzawaに格納されて，種々の総合解析に供された．以下，ブナ林景観域における重要課題であるブナ林の再生を例に，景観域の総合解析に関して山根らの報告[19,20]を参照して詳述したい．

　丹沢山地の山林では，1970年代に大山のモミの立ち枯れが目立ち始め，1980年代に入るとブナやウラジロモミにもみられるようになった．この森林の衰退には，オゾンなどの大気汚染物質の影響，病害虫や土壌の乾燥化などの要因が指摘されてきた．今回の総合調査では，ブナ林の衰退に関して，まず山地全域における衰退状況の詳細な調査が行われ，ブナ林の衰退は山地全域に認められること，ただし進行状況は地区によって異なっていることが示された（図11.7）．GISに

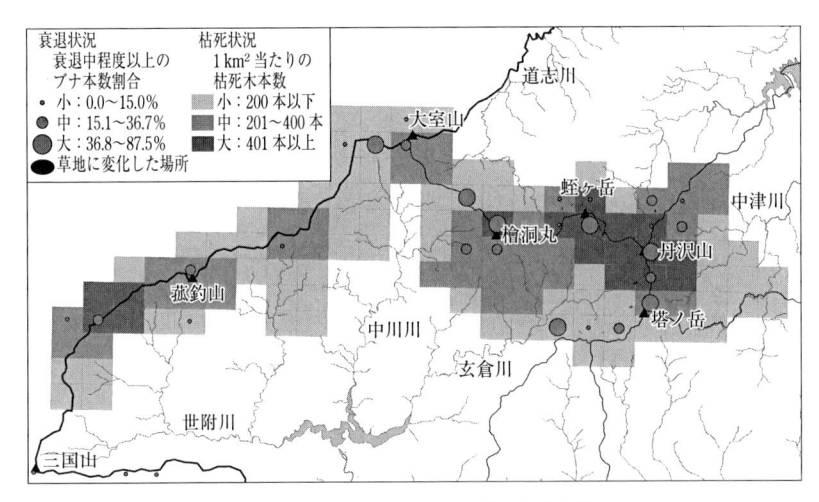

図 11.7 丹沢山地におけるブナ林の衰退状況[19]
2002〜2004年間の調査に基づき，ブナ林の衰退状況とブナの枯死状況を示している．

よる地形解析の結果，衰退の進んだ地点は，高標高域の尾根付近の南向き斜面に多く，傾斜角度では平坦地にやや高く，35°を超える急斜面では割合が低下した．さらにGIS植生図とのオーバーレイ解析から，この衰退はブナを含む落葉広葉樹の高木に一様にみられるのではなく，ブナに特徴的に衰退が目立ち，特に南から西向き斜面に衰退の進んだブナが多い傾向が明らかになった．

衰退や枯死の要因としては，大気汚染物質ではオゾンの影響が強く示唆された．さらにシカの被食によって林床植生が衰退し，そのため土壌が露出して表層土壌の乾燥化が進んでおり，これによる水分ストレスがブナ衰退の要因として指摘された．さらに，病害虫の問題としてブナハバチによる食害の影響もブナの衰退に関わっていることが明らかになった．

これらの要因は相互に関連しあって，ブナの衰退に大きく関わっている．これまでの研究成果から，当該地域におけるブナの衰退機構が検討され，図11.8に示すような連関をもちながらブナの衰退が進行していることが明らかになった．この連関図によってブナ林衰退の状況が明らかになり，具体的なブナ衰退の危険度が評価されて地図上に示された（図11.9）．ブナ林景観域の再生に向けて，それぞれの地域にあった対策を検討して実施に移さなくてはならない．総合解析では，県が独自で進めている事業に関してその地区ごとの効果の検討がなされ，先

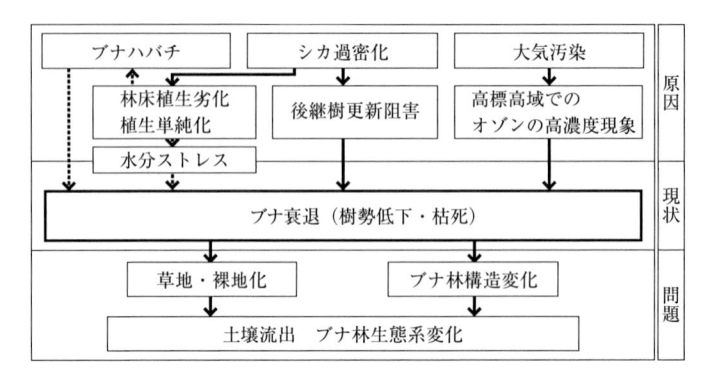

図 11.8 丹沢山地のブナ衰退をめぐる要因連関図[19]

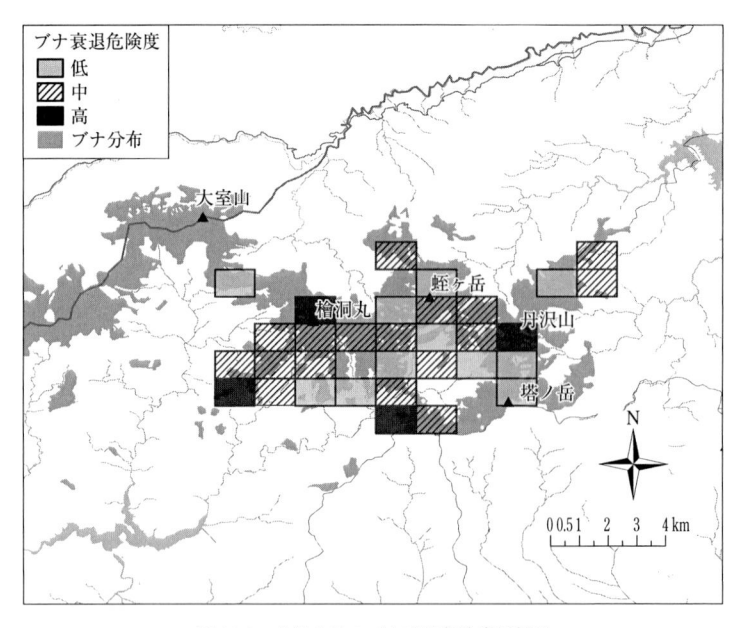

図 11.9 丹沢山地のブナ衰退危険度評価[19]

のブナ林の衰退状況と重ねることで施策の重点地区が明らかになった（図11.10）．

以上のように，景観域という単位で，ブナ林の衰退という課題に関して総合調査の結果をGIS上で統合処理することによって，地域の特性にあった実効ある保全対策を呈示し，ランドスケープスケールにおいて環境管理にGISを用いる

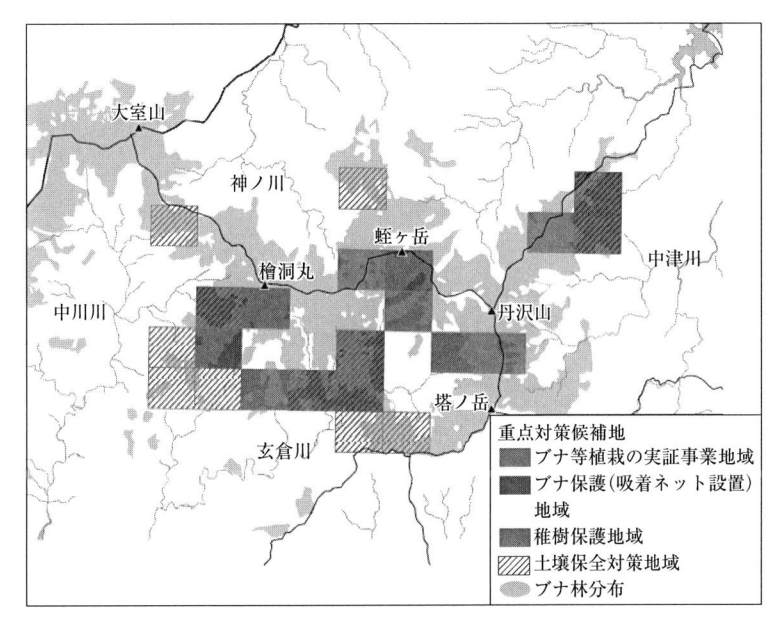

図 11.10 ブナ林の再生に関わる対策マップ[19]

ことの有効性を示すことができた．丹沢大山総合調査は 2006 年で終了し，丹沢大山自然再生計画のもとで再生事業が進行中である．ここでも引き続いて e-Tanzawa の上で GIS 情報をはじめとする各種情報が蓄積され，関係者の間で共有されて施策の遂行に役立っている．

11.6　ランドスケープと GIS―その未来―

　本章では，最初に記したとおり実体としてのランドスケープに焦点を絞って，GIS を用いた解析や管理における利活用に関して論じてきた．自然環境の階層性の中でランドスケープは，人間の活動範囲を考慮すると，地域の計画や管理の単位として最も適したスケールといえる．現在，自然環境の保全・管理や生物多様性保全のために各地で様々な情報システムが構築されているが，結果的にその多くがランドスケープというスケールを基本にしているようである．たとえば，本章で紹介した丹沢の自然環境保全のための e-Tanzawa や，現在，県レベルでは最初に生物多様性の保全戦略が立てられ，その情報システム構築づくりが進め

られている千葉県の場合もそうである．このランドスケープを単位とした地域の環境管理を進める際に GIS は中核となるものである．本章では触れることができなかったが，ランドスケープの変化という観点からは，時空間構造の中でも時間構造を考慮に入れた GIS 表現や解析が重要となる[21]．ランドスケープは自然に対して人間が歴史的年月をかけてつくり上げてきたものであり，その営為は「文化」にまで高められているといってよい．たとえば，里山ランドスケープを GIS 上に表現して適切な管理を進めていくためには，以前に筆者が小論[22]で指摘したように「文化」の要素を GIS でどのように扱うかが大きな課題のように思われる． ［原 慶太郎］

引 用 文 献

1) 原慶太郎 (2007)：自然環境をどう捉えるか．自然環境解析のためのリモートセンシング・GIS ハンドブック（長澤良太・原慶太郎・金子正美編），pp. 2-7, 古今書院．
2) Forman, R. T. T. (1995)：*Land Mosaics*, 632p, Cambridge University Press.
3) Forman, R. T. T. and Godron, M. (1986)：*Landscape Ecology*, 619p, John Wiley & Sons.
4) Naveh, Z. and Lieberman, A. (1994)：*Landscape Ecology*, 2nd ed., 360p, Springer-Verlag.
5) Turner, M. G., Gardner, R. H. and O'Neill, R. V. (2001)：*Landscape Ecology in Theory and Practice : Pattern and Process*, 401p, Springer-Verlag, New York. （中越信和・原慶太郎監訳 (2004)：景観生態学，文一総合出版）
6) Troll, C. (1939)：Luftbildplan und ökologische Bodenforschung (Aerial photography and ecological studies of the earth). Zeitschrift der Gesellschaft für Erdkunde, Berlin：241-298.
7) ESRI (1992)：*Understanding GIS : The ARC/INFO Method*, ESRI Press.
8) 原慶太郎 (1996)：リモートセンシングと GIS による景観解析．景相生態学―ランドスケープ・エコロジー――（沼田 眞編），pp. 20-25, 朝倉書店．
9) 横山秀司 (1995)：景観生態学，207p, 古今書院．
10) 松林健一ほか (2000)：大縮尺でのエコトープの抽出・図化に関する事例研究．国際景観生態学会日本支部会報，**5**(1)：4-9.
11) McHarg, I. L. (1992)：*Design With Nature*, 208p, John Wiley & Sons.
12) 鈴木雅和編著 (2003)：ランドスケープ GIS―環境情報の可視化と活用プロジェクト，263p, ソフトサイエンス社．
13) Heins-Young, R. *et al.* eds. (1993)：*Landscape Ecology and GIS*, 288p, Taylor & Francis.
14) McGarigal, K. and B. J. Marks (1995)：FRAGSTATS：Spatial pattern analysis program for quantifying landscape structure. Gen. Tech. Report PNW-GTR-351, USDA.

引用文献

15) 青木淳一 (2007)：丹沢大山総合調査. 丹沢大山総合調査学術報告書（丹沢大山総合調査団編），pp. 11-16，平岡環境科学研究所.
16) 山根正伸・笹川裕史・鈴木　透・吉田剛司・羽山伸一・原慶太郎 (2007)：e-Tanzawaの概要. 丹沢大山総合調査学術報告書（丹沢大山総合調査団編），pp. 647-650，平岡環境科学研究所. (e-Tanzawa：http://e-tanzawa.jp/)
17) 山根正伸・笹川裕史・鈴木　透・吉田剛司・羽山伸一・原慶太郎 (2007)：総合調査から政策提言への橋渡しはどのように行われたか. 丹沢大山総合調査学術報告書（丹沢大山総合調査団編），pp. 699-702，平岡環境科学研究所.
18) 丹沢大山総合調査実行委員会調査企画部会編 (2006)：丹沢大山自然再生基本構想，136p，丹沢大山総合調査実行委員会.
19) 山根正伸・相原敬次・鈴木　透・笹川裕史・原慶太郎・勝山輝男・河野吉久・山上　明 (2007)：ブナ林の再生に向けた総合解析. 丹沢大山総合調査学術報告書（丹沢大山総合調査団編），pp. 703-710，平岡環境科学研究所.
20) 山根正伸・笹川裕史 (2007)：自然林の解析. 自然環境解析のためのリモートセンシング・GISハンドブック（長澤良太・原慶太郎・金子正美編），pp. 159-168，古今書院.
21) Bissonette, J. A. and I. Storch (2008)：*Temporal Dimensions of Landscape Ecology*, 283p, Springer-Verlag.
22) 原慶太郎 (1999)：GISを使ってなにができるか. ランドスケープデザイン，**16**：19-21.

索　引

欧　文

AHSI　126
AIC　36
ANZLIC　21
ArcGIS　100,140
ArcInfo　1
ARGO ブイ　138
AUV　138
BioGIS　121
BKG　19
BPJ　126
CGIS　116
CHU　126
DEM　118
DRM　1,54
ER 図　53
e-Stat　100
e-Tanzawa　172
FRAGSTATS　171
Galileo 計画　24
GIS アクションプログラム
　　2002-2005　68
GIS 官民推進協議会　23
GLONASS　24
Google Earth　66,146
Google Maps　2,66
GPS 衛星　7
GPS 情報　135
HEP　125
HSI　126
HU　126
INSPIRE　20
J-IBIS　117
KML　146
LBS　52

MasterMap　19
NDVI　160
NSDI　15
onboard-GIS　135
OPeNDAP　146
Ordnance Survey　19
PSMA　22
ROV　138
SAGE　116
SAR　156
Shape 形式　100
SI　125
The National Map　17
TIGER　1
VICS　1
Web-GIS　80,135
XML　146

ア　行

安定地点　30

位置情報サービス　52
位置の基準　26

衛星画像地図データ　93
衛星測位　24
衛星リモートセンシング　138
エコトープ　168
エコトープ出現頻度分布図
　　123
エコトープ分析　123

応急危険度判定　76
オーバーレイ　44,123,175
オープンスペース　90

オンライン調査　52

カ　行

街区レベル位置参照情報　2
階層性　165
海面塩分　147
海面高度　146
海面水温分布　142
海洋 GIS　135
海洋保護区　142
海洋リモートセンシング　136
河川法　161
角地分割　36
神奈川県相模原市　100
環境負荷　79
干渉 SAR　156

基準地域メッシュ　99
希少性　123
既成市街地　34
既存不適格　39
基盤地図情報　10,25
基本単位区　99
ギャップ分析　127
距離帯別人口密度　107

空間情報　15
空間情報社会　8
空間スケール　80,93
空間データ　15
空間統計学　171
区間残存確率関数　40
国の安全　25
クラスター分析　84
クリアリングハウス　94
クロロフィル a 濃度分布　142

景域　165
景観　165
景観域　172
景観生態学　167
景観配置構造　170
景観要素　169
経済林　127
景相　165
携帯電話　68
係留ブイ観測　138
経路識別　58
建築物の除却・残存性向　39

公共的緑地　87
合成開口レーダー　156
交通機関の識別　57
交通シミュレーション　48
交通マスタープラン　49
交通量配分　48
国勢調査　99
国土空間データ基盤　15
国土数値情報　2
国土地理情報院　18
国連人間環境会議　150
湖沼環境管理　86
個人情報　27,53,74
個人の権利利益　25
国家測量地図作成機関　19
国家地図　17
コーホート変化率法　112
コリドー　169
コンパクトシティ　79

サ 行

最低敷地規模規制　34
細密数値地図（10mメッシュ）　87
里山　178
3次元マッピング　144
残存確率関数　40
三大都市圏　86

市街地情報　64
敷地　30
　──の細分化　38
敷地規模基準　34
敷地統合　37

敷地分割　35
時空間構造　178
時空間分析　29
自然環境情報GIS　117
自然再生　172
持続可能な森林経営　122
湿潤変動帯　159
シミュレーションモデル　37
市民参加　81
樹形図法　131
寿命特性　41
準天頂衛星　7,27
小地域人口統計　99
小班　117
情報解析ツール　80
情報セキュリティ　74
将来人口推計　100
女性子ども比　108
人口重心　104
人口ポテンシャル　108
人口密度　103
森林基本図　117
森林計画図　117
森林原則声明　122
森林GIS　116
　行政用の──　118
　森林組合用の──　119
　林業試験場型の──　120
森林GISフォーラム　118
森林生態系　123
森林ゾーニング　130
森林簿　117
森林・林業基本計画　130

水源涵養機能　157
水防法　161
水文学的循環　150
水文小循環　151
水文大循環　151
水文地域　154
水文中循環　150
スウィングヤーダ　129
数値細密情報　30
数値地図　2,40
数値地図2500　54
数値地図50mメッシュ（標高）
数値標高モデル　156

ストックホルム会議　150
3Dマップ　3

正準判別分析　36
整数型データ　109
生態系　165
生物多様性　122,131,165
生物多様性情報システム　117
世界測地系　101
接道規定　38
セミバリオグラム解析　143
遷移確率　30
遷移確率行列　31
遷移構造　30
先行型保護策　127
全米州地理情報協議会　17

測位・地理情報システム等推進会議　67
即時性　50
属性テーブル　103
測量誤差　14

タ 行

大気大循環モデル　152
大規模災害　66
代償ミティゲーション　126
耐震化　40
代替性　123
竹下法　128
タワーヤーダ　129
丹沢大山総合調査　133,171
単純分割　36

地域空間データ基盤　20
地域人口分析　99
地域内区間残存率　41
地域内建物平均老朽度　43
地域防災計画　40
地域メッシュポリゴン　110
地位指数　128
地下水流動系　153
地下埋設物　18
地球温暖化　160
地区コード　108
地図で見る統計（統計GIS）　100

索　　引

地籍図　4
知的財産権　27
地目　39
重複投資　14
著作権　74
地理空間情報　10,14
地理空間情報活用推進会議　23
地理空間情報活用推進基本計画　23
地理空間情報活用推進基本法　8,15,68
地理空間情報高度活用社会　28
地理空間情報産学官連携協議会　27
地理座標系　111
地理情報　15
地理情報クリアリングハウス　16
地理情報システム（GIS）関係省庁連絡会議　23,67

テキスト型データ　109
適性指数　125
デジタル道路地図　1,54
データの相互運用性　20
データベースシステム　54
テーブル結合　108
電子国土　2,94

統合型 GIS　95
統合的流域管理　161
都市型洪水　162
都市空間分析　29
都市水代謝　151
都市密度　89
都市密度指標　87
都心からの時間距離圏　32
土地利用　79,170
土地利用規制　86
土地利用計画　81
土地利用遷移確率　29
土地利用遷移モデル　30
土地利用変化　84
トリップ識別　56
トリップデータ　56

ナ　行

南水北調　158

日本測地系　101

ハ　行

バイオテレメトリー　144
バイオリージョン　120
バイオリージョン GIS　121
ハザードマップ　161
旗竿分割　36
パッチ　165
バッファリング機能　129
ハビタット適性指数　126
ハビタット評価手続き　125
ハビタットユニット　126
阪神・淡路大震災　23,86

ビオトープ　167
秘匿情報　101
漂流ブイ観測　138
琵琶湖地域　82

フィールド演算　103
フィールドワーク　97
不燃化　40
プローブ調査　50
プローブパーソン調査　52
プローブビークル調査　52
分割表解析　36

平均敷地面積　31
平均世帯人員　103
平均ハビタット適性指数　126
米国大統領令　15
米国地質調査所　17
平面直角座標系　101
ベクタデータ　30,140

防災都市づくり　86
法定図書　23
ホットスポット　127
ポテンシャルマップ　127
ポリゴン　107
ポリゴンデータ　30,140

マ　行

マクロ水文モデル　153
マザーレイク21計画（琵琶湖総合保全整備計画）　83
まちづくり3法　79
マトリックス　169

水循環　150
道端林業　129

メタデータ　16
面積按分法　106

モンスーン地域　159
モントリオール・プロセス　122

ヤ　行

ヤーコフの選好指数　124
野生生物生息地関係モデル　127

有効起伏量　128
有効貯留容量　128

ヨハネスブルクサミット　151

ラ　行

ラスタ/グリッド/メッシュデータ　140
ラスタデータ　29
ランドスケープ　165
ランドスケープエコロジー　167
ランドスケープ要素　169

リオデジャネイロサミット　151
リージョン　165
リモートセンシング　155,171
流出発生メカニズム　153
林地生産力解析　128
林道バッファー解析　129
林班　117

累積的ハビタットユニット
　126

レイヤ　102

老年人口比率　108
露出度　128

ワ　行

ワンストップサービス　16

編者略歴

柴崎亮介（しばさきりょうすけ）
1958年　福岡県に生まれる
1982年　東京大学大学院工学系研究
　　　　科修士課程修了
現　在　東京大学空間情報科学研究
　　　　センター・センター長，教授
　　　　工学博士

村山祐司（むらやまゆうじ）
1953年　茨城県に生まれる
1983年　筑波大学大学院地球科学
　　　　研究科博士課程中退
現　在　筑波大学大学院生命環境
　　　　科学研究科教授
　　　　理学博士

シリーズGIS 5
社会基盤・環境のためのGIS　　　定価はカバーに表示

2009年3月25日　初版第1刷
2017年11月25日　　　第3刷

編　者　柴　崎　亮　介
　　　　村　山　祐　司
発行者　朝　倉　誠　造
発行所　株式会社　朝　倉　書　店
　　　　東京都新宿区新小川町6-29
　　　　郵便番号　162-8707
　　　　電　話　03(3260)0141
　　　　FAX　03(3260)0180
　　　　http://www.asakura.co.jp

〈検印省略〉

© 2009〈無断複写・転載を禁ず〉　　新日本印刷・渡辺製本

ISBN 978-4-254-16835-8　C 3325　　Printed in Japan

JCOPY　<(社)出版者著作権管理機構 委託出版物>

本書の無断複写は著作権法上での例外を除き禁じられています．複写される場合は，そのつど事前に，(社) 出版者著作権管理機構（電話 03-3513-6969，FAX 03-3513-6979, e-mail: info@jcopy.or.jp）の許諾を得てください．

好評の事典・辞典・ハンドブック

火山の事典（第2版）	下鶴大輔ほか 編	B5判 592頁
津波の事典	首藤伸夫ほか 編	A5判 368頁
気象ハンドブック（第3版）	新田 尚ほか 編	B5判 1032頁
恐竜イラスト百科事典	小畠郁生 監訳	A4判 260頁
古生物学事典（第2版）	日本古生物学会 編	B5判 584頁
地理情報技術ハンドブック	高阪宏行 著	A5判 512頁
地理情報科学事典	地理情報システム学会 編	A5判 548頁
微生物の事典	渡邉 信ほか 編	B5判 752頁
植物の百科事典	石井龍一ほか 編	B5判 560頁
生物の事典	石原勝敏ほか 編	B5判 560頁
環境緑化の事典	日本緑化工学会 編	B5判 496頁
環境化学の事典	指宿堯嗣ほか 編	A5判 468頁
野生動物保護の事典	野生生物保護学会 編	B5判 792頁
昆虫学大事典	三橋 淳 編	B5判 1220頁
植物栄養・肥料の事典	植物栄養・肥料の事典編集委員会 編	A5判 720頁
農芸化学の事典	鈴木昭憲ほか 編	B5判 904頁
木の大百科［解説編］・［写真編］	平井信二 著	B5判 1208頁
果実の事典	杉浦 明ほか 編	A5判 636頁
きのこハンドブック	衣川堅二郎ほか 編	A5判 472頁
森林の百科	鈴木和夫ほか 編	A5判 756頁
水産大百科事典	水産総合研究センター 編	B5判 808頁

価格・概要等は小社ホームページをご覧ください．